LA CIENCIA DEL CANTO

Serie: CIENCIAS, 35

MERINO DE LA FUENTE, J. Mariano
  La ciencia del canto / J. Mariano Merino de la Fuente. –Valladolid : Universidad de Valladolid, 2025

  118 p. ; 24 cm. – (Ciencias ; 35)
  ISBN 978-84-1320-330-0

1. Ciencias – Divulgación 2. Acústica 3. Canto 4. Música – Acústica y física 5. Oído 6. Percepción auditiva 7. Voz I. Merino de la Fuente, J. Mariano, aut. II. Universidad de Valladolid, ed. III. Serie

  001.8:784.4
  784.4:001.8

MARIANO MERINO DE LA FUENTE

LA CIENCIA
DEL CANTO

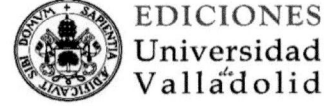

EDICIONES
Universidad
de Valladolid

Motivo de cubierta: La imagen de cubierta se ha generado con IA a partir de ilustraciones
    libres de derechos
Diseño de cubierta: Ediciones Universidad de Valladolid

ISBN: 978-84-1320-330-0
Dep. Legal: VA-84-2025

Preimpresión: Ediciones Universidad de Valladolid
Imprime: Safekat - España

SUMARIO

INTRODUCCIÓN

Después de que, a finales del s. XV, Leonardo da Vinci realizara estudios sobre el órgano de la voz ("Estudio de la Laringe", 1490), se inició la investigación sistemática sobre la estructura y funcionamiento del órgano fonador, línea en la que brillan nombres como Girolano Fabricius d'Aquapendente, Claude Perrault, Antoine Ferrein y Peter Müller. Ya a mediados del s. XX, el conocimiento que se tenía acerca del origen y la naturaleza de la voz difiere poco del que hoy poseemos. En cuanto a la audición, la investigación se mantuvo inmersa en el área de la medicina, más en concreto, de la otorrinolaringología. En 1960 el biofísico húngaro Georges von Békésy publicó su investigación sobre el funcionamiento de la cóclea en el órgano auditivo de los mamíferos recogida en su libro "Experiments in Hearing", que fue reconocida con el Premio Nobel de Medicina en 1961. De sus estudios deriva la *Teoría de la Localización* que hoy sustenta el conocimiento que tenemos sobre la audición.

A lo largo del s. XX se ha consolidado un área de conocimiento en el que participan la acústica, la fonología, la audiología, la psicología y más tarde, la ingeniería del sonido, que trata sobre el fenómeno de la fonación, de la captación del sonido y de su procesado cerebral. En este campo destacan nombres como Bunch, M., Benade, A., Crocker, M.J., Rossing, T.D. y Sundberg, J. en el área de la fonología del canto. En el terreno de la audiología y la psicoacústica hemos de citar a Blauert, J., Moore, B.C.J. y Roederer, J.G. Por otro lado, existen foros internacionales en los que se recogen y elaboran los nuevos conocimientos. Uno de ellos es *Journal of Voice* que, desde 1980 saca seis números anuales. Pero, sobre todos, destaca *Acoustical Society of America*. Esta entidad acoge las publicaciones procedentes de todo el mundo desde 1929. En sus noventa y cuatro años de vida ha publicado hasta la fecha 154 volúmenes semestrales a razón de un número por mes y dos suplementos por año. Cada número contiene, entre otras especialidades, artículos sobre bioacústica (audición y comunicación sonora), procesado de señales acústicas, acústica musical, psicoacústica, fisioacústica e ingeniería acústica.

Por regla general, la enseñanza y aprendizaje del canto es considerada como una disciplina más, perteneciente al ámbito de los Conservatorios de Música. Dado que estos centros están claramente proyectados hacia la composición y la interpretación, tienden a ignorar las bases científicas del fenómeno musical en todas sus variantes. A su vez, los profesores de canto, formados en los conservatorios, tienen una formación próxima a la musicología, un tanto alejada de la acústica. Ellos transmiten los conocimientos a sus alumnos por vía empírica, describiendo sus propias sensaciones. Ahora bien, cada ser humano tiene sus sensaciones, que no puede compartir físicamente con los semejantes (a no ser que conectaran sus cerebros con cables), tan solo pueden verbalizarlas. Por este motivo, el aprendizaje del canto se hace en un contexto subjetivo en el que el aprendiz ha de buscar sus propias sensaciones y mejorar su voz por el viejo procedimiento del "ensayo-error" sin más guía que las descripciones recibidas del profesor, de sus propias sensaciones, sensaciones que no tienen por qué ser idénticas que las del alumno.

La ciencia actual posee explicaciones objetivas y racionales acerca de los muchos asuntos que intervienen en el proceso del canto, desde su producción pasando por su audición y terminando en la forma en la que el canto es percibido y convertido en sensación por el oyente.

El propósito de esta obra es ofrecer a los cantantes, a los profesores de canto, a los directores de coros y a cuantas personas estén interesadas en la música vocal, los fundamentos científicos de esta forma de expresión artística, posiblemente, la más antigua de todas.

Puesto que la obra está dirigida a profesionales y aficionados a la música vocal, se da por hecho que, en su mayoría, no poseen conocimientos específicos de acústica. Por ello, el primer capítulo tiene por finalidad informar sobre la naturaleza de las ondas sonoras y de los sonidos musicales. También se informa sobre ciertos conceptos físicos, necesarios para comprender los tres capítulos restantes, tales como frecuencia, longitud de onda, onda estacionaria y la física de los elementos vibrantes: cuerdas tensadas y tubos resonantes. El segundo capítulo tiene por finalidad dar a conocer las bases científicas de la escala musical, de los intervalos musicales y de los acordes.

El tercer capítulo está dedicado a la percepción auditiva, es decir, cómo es y cómo funciona el oído, cómo convierte las ondas acústicas en impulsos nerviosos y cómo estos son interpretados por el cerebro. El cuarto capítulo está dedicado al órgano fonador: su estructura y funcionamiento. En él se explica el concepto de "formante" que tan importante es en la fonología. Se expone la descripción científica de cómo los resonadores del tracto vocal articulan la voz y también el importantísimo "formante del canto", esencial en la voz de la mayoría de las voces.

Finalmente, el quinto capítulo trata de dar explicaciones científicas a muchas de las reglas constituyentes de la técnica del canto, que los profesionales usan mayoritariamente sin, muchas veces, saber por qué lo hacen. Se trata, pues, de una obra que, como su título indica, ofrece las explicaciones científicas del canto y de su técnica. Su lectura puede proporcionar a profesionales y aficionados al canto las pautas racionales para mejorar su manera de cantar.

CAPÍTULO I
SONIDOS MUSICALES

Se cuenta que Napoleón Bonaparte sostenía que la música es el más soportable de los ruidos. Esta afirmación, que tan poco dice en favor de la sensibilidad artística de tan señalado personaje y que le hubiera hecho merecedor, sin más motivos, de que Ludwig V. Beethoven le retirara la dedicatoria de su Tercera Sinfonía, encierra una contundente verdad científica: los ruidos y los sonidos musicales son sonidos.

Básicamente, son vibraciones que se propagan a través de un medio elástico (generalmente el aire) y son producidas por algún fenómeno mecánico que pone en movimiento las partículas del medio elástico transmisor. Las ondas acústicas viajan en todas las direcciones y al llegar al oído ponen en funcionamiento los mecanismos de la audición.

Físicamente, en nada difiere el sonido que escuchamos con placer en un concierto del estruendo de una calle repleta de gente y con un intenso tráfico rodado, eso sí, entre los sonidos musicales y los ruidos hay una serie de diferencias que iremos desvelando en este capítulo.

I.1 BREVES NOCIONES DE LA FÍSICA DE LAS ONDAS

Llamamos *onda* a toda perturbación mecánica que se propaga a través de un medio elástico, entendiendo por "elasticidad" la facultad que tiene un cuerpo para recuperar su forma primitiva tras haber sido deformado por una fuerza. Todos los materiales, en mayor o menor medida, tienen propiedades elásticas, lo es la superficie del agua y por ello existen las olas, lo es la costra pétrea de la Tierra y por eso existen las ondas sísmicas y lo es el aire, y por eso existe el sonido.

Cuando un punto de un medio elástico es excitado, se inicia un movimiento de vaivén de sus partículas que se transmite con velocidad constante a sus vecinas, generándose así la onda. Existen dos posibilidades: las partículas pueden vibrar en la misma dirección en que se propaga la onda o pueden hacerlo transversalmente. En el primer caso estamos ante una onda *longitudinal* y en el segundo ante una onda *transversal*.

Si nos fijamos atentamente en la figura 1.1 es fácil intuir que el movimiento provocado en un punto de un medio elástico, que llamaremos *foco*, se transmite a las partículas adyacentes debido a que esas partículas interactúan entre sí. Por regla general, esa transmisión tiene lugar en todas direcciones. Este pensamiento podemos llevarlo más lejos y aceptar que *todo punto de un medio elástico alcanzado por una onda se comporta como un nuevo emisor de esa misma onda.* Este principio fue enunciado por vez primera por el físico neerlandés Christiaan Huyghens (1629-1695).

Tanto en las ondas longitudinales como en las transversales, las partículas del medio vibran exactamente igual que el foco, eso sí, con un retardo que es proporcional a la distancia a la que se encuentran respecto del mencionado punto de excitación. Como quiera que el movimiento de todas las partículas es periódico, el resultado neto es el expresado en la figura 1.1. Tanto si la onda es longitudinal como si es transversal, la perturbación viaja por el medio a velocidad constante, de forma que dos partículas separadas por un cierto trecho que llamaremos *longitud de onda*, vibran sincrónicamente. Por otro lado, hemos de asumir que el tiempo que invierte la onda en recorrer una longitud de onda es, por fuerza, el tiempo que invierte cada partícula en efectuar una oscilación completa; a ese tiempo lo denominaremos *período.* Finalmente, por motivos obvios, el valor inverso del período cuantificará el número de oscilaciones que efectúan las partículas en la unidad de tiempo; a esa cantidad la llamaremos *frecuencia.*

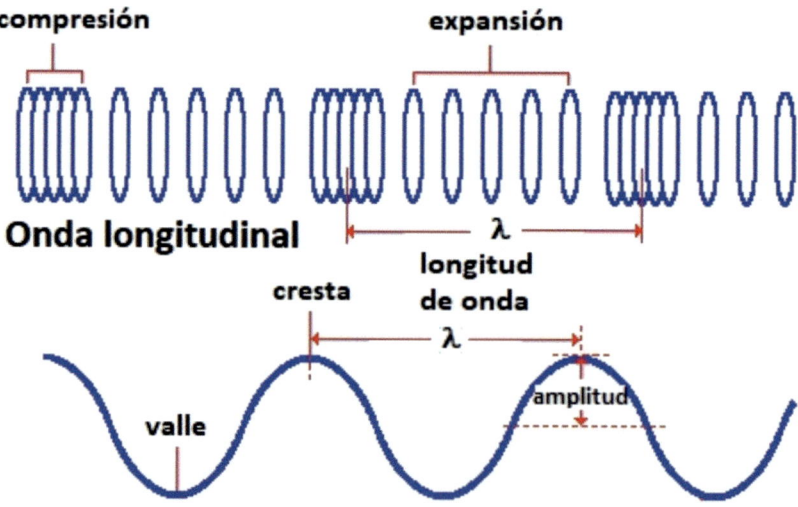

Figura 1.1 En los sonidos, las moléculas gaseosas vibran en la dirección de propagación (onda longitudinal) y en el agua, las moléculas superficiales vibran transversalmente (onda transversal).

En resumen: Se llama *longitud de onda* (λ) a la *mínima distancia existente entre dos partículas que vibren con igual fase*[1] y llamaremos *frecuencia* (*f*) al *número de vibraciones por segundo que realizan las partículas*. Ambas magnitudes están relacionadas con la velocidad de propagación mediante una sencilla ecuación:

$$v = \lambda . f$$

Como consecuencia de todo lo expuesto, podemos hacer las siguientes afirmaciones:

- La *longitud de onda* es la mínima distancia existente entre dos partículas del medio que vibren con igual fase.
- La *frecuencia* de una onda cuantifica el número de longitudes de onda que pasan por un punto dado del medio, por unidad de tiempo.

Las ondas acústicas se propagan por el aire a la velocidad de 340 m/s y lo hacen como ondas longitudinales, es decir, las moléculas gaseosas vibran en la misma dirección en que se propaga la onda. Juzgadas las cosas desde este punto de vista, hemos de admitir que las ondas acústicas no son sino una serie de compresiones y expansiones del aire (ver la Figura 1.1) que se transmiten en todas direcciones. Por este motivo, las ondas acústicas son consideradas también *ondas de presión*.

Ocupémonos ahora de los aspectos energéticos relacionados con las ondas y su propagación: Para que un punto de un medio elástico se comporte como foco generador de una onda se requiere aplicar sobre él una energía vibratoria; esta energía se propaga por el medio transmisor. Así, por ejemplo, si se deja caer una piedra en la superficie de un estanque, la energía cinética de la piedra pone en vibración a la masa de agua sobre la que cae y esta pone en oscilación a las masas de agua adyacentes dando como resultado las ondas (olas) superficiales del agua que adoptan la conocida geometría circular. Si este fenómeno se da en el mar y el agente excitador es un potente seísmo, tendremos como resultado un devastador tsunami. Si en el seno de la atmósfera se hace estallar un petardo, la onda acústica resultante se propaga en todas direcciones, dando como resultado frentes de onda de geometría esférica y si el agente excitador es una fuerte descarga entre dos grandes nubes tormentosas tendremos un sobrecogedor trueno. Es evidente que, tanto en los dos ejemplos de ondas en la superficie del agua como en los de ondas acústicas, los aspectos formales son los mismos si bien la diferencia está en la energía que se propaga.

La *intensidad de las ondas* es una magnitud física que cuantifica la cantidad de energía ondulatoria que pasa en la unidad de tiempo por la unidad de superficie plana y perpendicularmente dispuesta a la dirección de propagación de la onda. En el caso de las ondas que se propagan en las tres direcciones del espacio, como es el caso habitual de las ondas acústicas y las electromagnéticas, la energía irradiada por el foco se transmite por igual en todas direcciones sin crearse ni destruirse. Por tanto, la energía se reparte homogéneamente por la superficie de una esfera y el

---

[1]   Se llama fase a la posición instantánea de un punto del medio.

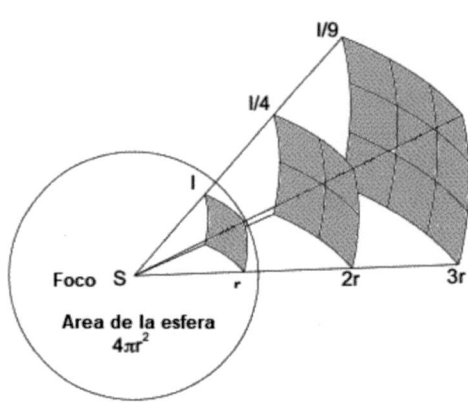

Figura 1.2 Esquema de la atenuación de las ondas por efecto de la distancia al foco.

resultado de todo ello es que la intensidad de la onda disminuye a medida que la distancia al foco se va haciendo más y más grande.

Sabemos que la superficie de una esfera es proporcional al cuadrado de su radio, siendo el número π el coeficiente de proporcionalidad. Eso significa que su superficie se cuadruplica al duplicar el radio y se hace nueve veces mayor cuando el radio se triplica (Figura 1.2). Todo ello nos lleva a concluir que la intensidad de las ondas debe decrecer según el inverso del cuadrado de la distancia al foco, es decir, situados en un punto de un medio, al duplicar la distancia al foco la intensidad ondulatoria se hace cuatro veces menor, al triplicar la distancia al foco la intensidad disminuye nueve veces, y así sucesivamente.

La ley física de la atenuación de la intensidad ondulatoria según el inverso del cuadrado de la distancia convierte en enigmáticos ciertos hechos como, por ejemplo, que podamos contemplar el cielo estrellado en una noche clara pese a la enorme distancia que nos separa de las estrellas y las galaxias o que los truenos de una fuerte tormenta suenen poderosos pese a la considerable distancia. Esto es así, en buena medida, por la enorme energía irradiada por las estrellas o las grandes descargas eléctricas atmosféricas y en parte también a la forma en que responden nuestros sentidos de la vista y el oído. Ahora bien, esto último es una cuestión que abordaremos más adelante.

I.2 SUPERPOSICIÓN DE DOS ONDAS IDÉNTICAS. ONDAS ESTACIONARIAS

Para llegar a la comprensión de los fundamentos científicos de la voz humana como instrumento musical, es paso previo entender qué sucede cuando dos ondas idénticas viajan por un mismo eje en direcciones opuestas.

Sean dos ondas senoidales de igual amplitud y frecuencia que viajan por un eje en sentidos contrarios. Cuando estas dos ondas se cruzan, sus efectos vibratorios se superponen en todos y cada uno de los puntos del medio transmisor. La figura 1.3 esquematiza lo que sucede en cinco momentos consecutivos A, B, C, D y E. Las dos ondas se representan con trazos verde y azul; la primera viaja de izquierda a derecha y la segunda lo hace en sentido opuesto. Se han señalado con colores verde y azul dos puntos del medio afectados por las vibraciones transversales impuestas por las ondas.

En el momento A las ondas coinciden casi con la misma fase y, como cabe esperar, los efectos de ambas ondas se suman. En los momentos B y C los puntos de colores verde y azul se están separando, lo cual es indicativo de que la suma de sus efectos se está haciendo más pequeña.

Al llegar el momento D dichos puntos están casi en oposición y la suma de los efectos es mínima. Finalmente, en el momento E los dos puntos se encuentran en oposición, es decir, las ondas coinciden en contrafase y como su amplitud es la misma, la suma de sus efectos es nula.

Con trazo de color rojo se representa el resultado global de la superposición de las dos ondas. Si analizamos atentamente la figura 1.3 nos percataremos de que, si bien las ondas (colores verde y azul) viajan con igual velocidad y en sentidos contrarios, el resultado de su superposición (color rojo) tiene el aspecto de una onda que no se mueve, a la que se denomina *onda estacionaria*. Debe quedar bien claro que, realmente, no se trata de una onda sino del campo de interferencias por la superposición de dos ondas iguales y de sentidos contrarios.

Es necesario que, de nuevo, el lector concentre su atención en la Figura 1.3 y se fije en un importante detalle: los puntos de colores verde y azul se mueven en todo momento en oposición de fase, de forma que, en ese punto del medio transmisor, la vibración es nula y que a ambos lados la amplitud de las oscilaciones es máxima. Esto pasa en todas las ondas estacionarias, llamándose *vientres* a las zonas de máxima vibración y *nodos* a los puntos de vibración nula. La figura 1.4 muestra las zonas de máxima y de mínima vibración. En las

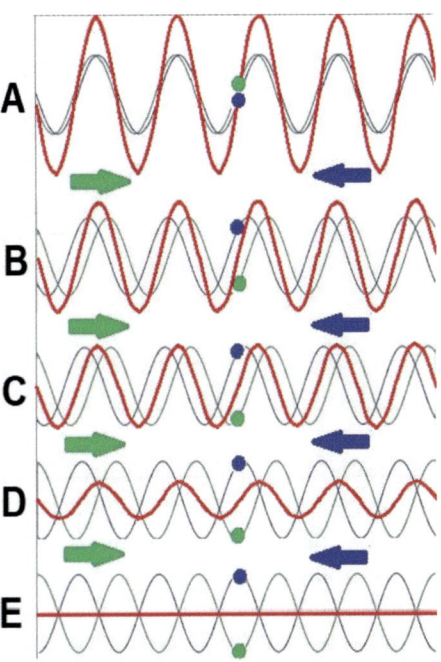

Figura 1.3 La superposición de dos ondas iguales que viajan en sentidos contrarios da como resultado una *onda estacionaria*. Las ondas se destacan con colores verde y azul. En color rojo se representa el resultado de su superposición.

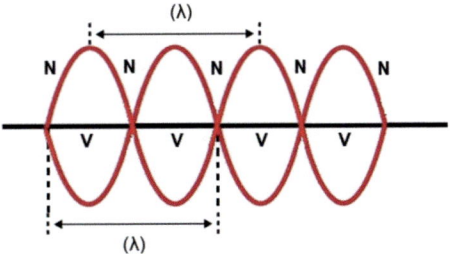

Figura 1.4 En una onda estacionaria alternan con regularidad los puntos de máxima vibración (vientres) y los de nula vibración (nodos).

primeras, las dos ondas generatrices se superponen con igual fase y sus efectos se suman en tanto que en los nodos, las ondas se superponen en contrafase, restando sus efectos.

Pensemos ahora en una cuerda tensada de una guitarra o de una viola o de un piano. Al excitar la cuerda con los dedos o con el arco o por percusión del macillo, su elasticidad provoca la aparición de una onda transversal que viaja rápidamente a lo largo del eje de la cuerda y al llegar al apoyo en el que esta se asienta, la onda se refleja y vuelve en dirección contraria. La superposición de las ondas primitiva y reflejada da como resultado una onda estacionaria cuya forma y comportamiento acabamos de describir.

I.3 ELEMENTOS VIBRANTES DE LOS INSTRUMENTOS MUSICALES[2]

Por todo lo que antecede, es relativamente fácil intuir que la longitud de onda y la frecuencia de la onda estacionaria en una cuerda tensada deben de depender de la longitud de la cuerda y de su tensión primordialmente y también de su densidad lineal (masa por unidad de longitud). Sabemos de hecho, que las cuerdas de los violines son más cortas y delgadas que las de los *cellos* y que las cuerdas de un piano en las octavas agudas son más cortas que las de las graves y que estas últimas están entorchadas para aumentar su densidad lineal. Todas estas realidades quedan resumidas en la expresión matemática de las frecuencias de vibración de una cuerda elástica en función de sus parámetros:

$$f = \frac{n}{2Lr}\sqrt{\frac{T}{\pi d}}$$

En la cual L es la longitud, r es el radio de la cuerda, T es la tensión y d es la densidad lineal (masa por unidad de longitud). Además, n es un parámetro cuyo valor es 1, 2, 3, etc. porque, como veremos más adelante, las cuerdas vibran con diversas frecuencias.

Efectivamente, en la figura 1.5, columna A, podemos ver que cuando se excita una cuerda de un instrumento musical, dicha cuerda vibra de muchas maneras, de todas las cuales, vemos en el esquema las cinco primeras formas de vibración. Podemos ver que la longitud de la cuerda es, en todo momento, igual a:

$$\tfrac{1}{2}\lambda_1, \quad \tfrac{2}{2}\lambda_2, \quad \tfrac{3}{2}\lambda_3, \quad \tfrac{4}{2}\lambda_4, \quad \tfrac{5}{2}\lambda_5 \quad \text{y, en general:} \quad \tfrac{n}{2}\lambda_n$$

$$\text{donde } n=1, 2, 3, \ldots$$

Es decir, la longitud de la cuerda es igual a una semilongitud de onda del primer modo, dos semilongitudes de onda del segundo modo, tres semilongitudes de onda del tercer modo, etc.

---

[2]   Hall, D.E. (1991) *Musical Acoustics*. 2nd ed. Pacific Grove. Calif.: Brooks/Cole.

Traducido todo esto a frecuencias podemos afirmar que, al excitar una cuerda, esta genera, no una, sino varias ondas estacionarias cuyas frecuencias son:

f, 2f, 3f, 4f, 5f, etc.

Eso significa que el sonido emitido por las cuerdas tensas es complejo por estar formado por una frecuencia fundamental *f* y sus armónicos *2f, 3f, 4f, 5f, etc.*

Sucede lo mismo con el aire contenido en un tubo resonante abierto por los dos extremos (columna B). Cuando dicho aire es excitado por algún procedimiento[3], este experimenta vibraciones de frecuencias *f, 2f, 3f, 4f...* al igual que la cuerda tensada. La diferencia entre uno y otro caso es que, en el tubo, las vibraciones son máximas en las bocas abiertas en tanto que en la cuerda las vibraciones son nulas en sus extremos, cosa lógica ya que los apoyos sobre los que está extendida impiden el movimiento. El comportamiento de las varillas y láminas libres (columna E) es similar al de los tubos abiertos (tal es el caso del xilófono, del vibráfono o de las campanas tubulares). Cuando se trata de tubos tapados en una de sus bocas (columna C) o varillas sujetas por un extremo (columna D) se aprecia la ausencia de los modos de vibración pares, de forma que la secuencia de frecuencias de vibración es:

$$\frac{1}{2}\lambda,\ \frac{3}{2}\lambda,\ \frac{5}{2}\lambda,\text{en general}\quad \frac{(2n-1)}{2}\lambda\quad \text{donde n=1, 2, 3, ...}$$

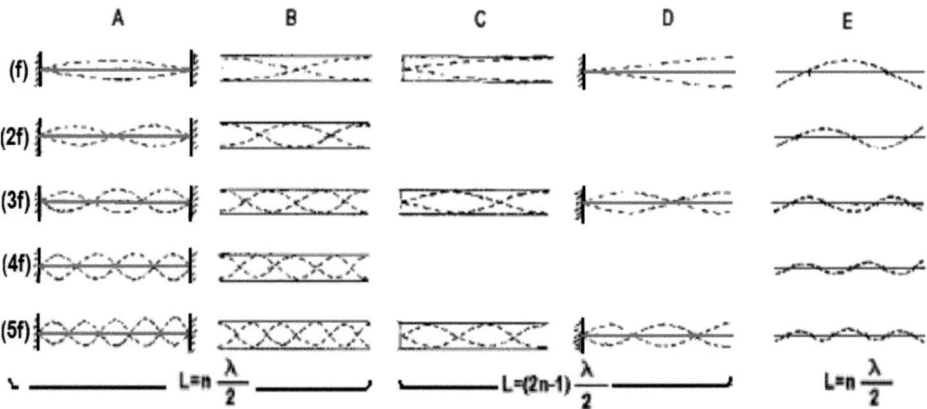

Figura 1.5 Representación esquemática de los cinco primeros modos de vibración de: **A** cuerdas tensadas, **B** tubos resonantes abiertos, **C** tubos resonantes cerrados, **D** varillas y placas sujetas por un extremo y **E** varillas y placas libres (Imagen tomada de Merino, J.M. (2006) *Las Vibraciones de la Música*. Club Universitario, Eds. Granada).

---

[3]   Puede ser una embocadura flautada (flauta de pico, flauta dulce, etc.), una lengüeta simple (clarinete, saxófono, etc.) o doble (oboe, dulzaina, chirimía, fagot, etc.), también puede hacerse con los labios (trompeta, sacabuche, tuba, etc.) o incluso, soplando tangencialmente en una abertura (flauta travesera, pífano, etc.).

De la observación comparativa de las columnas B y C podemos concluir que un tubo resonante de longitud L tiene un primer modo de vibración de frecuencia *f* que se hace mitad si se le tapa uno de sus extremos o, dicho de otra manera, un tubo abierto de longitud L da un tono musical que desciende una octava si se le tapa uno de sus extremos.

I.4 SONIDOS MUSICALES Y RUIDOS

Tanto la música como los ruidos son sonidos, pero ¿cuál es la diferencia entre un ruido y un sonido musical? La principal diferencia es que un sonido musical tiene dos atributos que los ruidos no tienen: *Tono* y *timbre*.

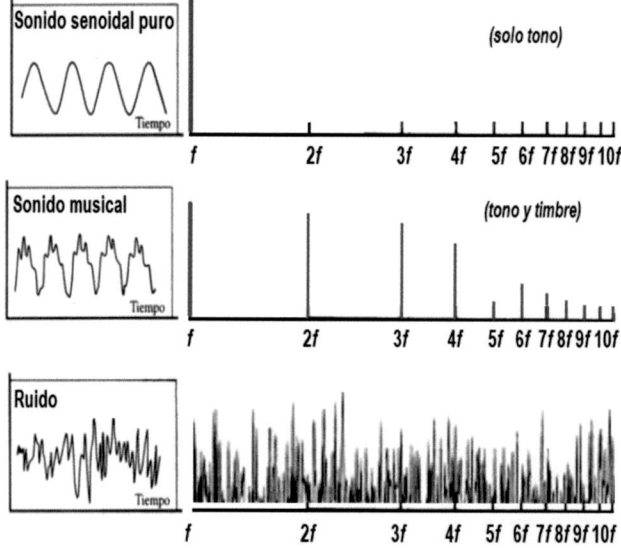

Figura 1.6 Esquema comparativo entre un sonido puro, un sonido musical y un ruido, por medio de su forma de onda (izquierda) y su composición en frecuencias (derecha).

El tono o altura es la propiedad que nos permite distinguir los sonidos agudos de los graves. Esa propiedad está cuantificada por la *frecuencia fundamental* o *tonal* cuyo valor es el máximo común divisor de los valores de las frecuencias superiores o armónicos.

El timbre de los sonidos musicales es la propiedad que nos permite distinguir una voz de otra o el sonido de cada uno de los instrumentos. Nuestro oído es capaz de oír a un mismo tiempo todos los armónicos, discrimina todos y cada uno de ellos, evalúa su intensidad y de todo ello detrae la sensación de timbre. Gracias a esta extraordinaria habilidad, nuestro cerebro es capaz de distinguir la voz de una persona conocida, incluso sin haberla visto ni tener conciencia de su presencia. Igualmente podemos apreciar la calidad tímbrica que distingue a los buenos instrumentos musicales de los mediocres.

La razón de ser del timbre de los instrumentos musicales se comprende al analizar cómo vibran sus elementos constituyentes: Las *cuerdas tensadas*, común denominador de todos los instrumentos de cuerda, el aire contenido en los *tubos resonantes*, base de todos los instrumentos de viento y las *placas o láminas*, fundamento de muchos instrumentos de percusión. Todo ello está esquematizado en la figura 1.5

Según vimos en el punto I.2, los sonidos musicales proporcionados por los instrumentos son en realidad un conjunto de vibraciones de frecuencias *f, 2f, 3f, 4f...* son, por tanto, sonidos complejos. Todos ellos son captados por el oído y procesados por el cerebro, detrayendo este la sensación de tono de la frecuencia fundamental *f* y la sensación de timbre de las frecuencias superiores, llamadas *armónicos 2f, 3f, 4f...*

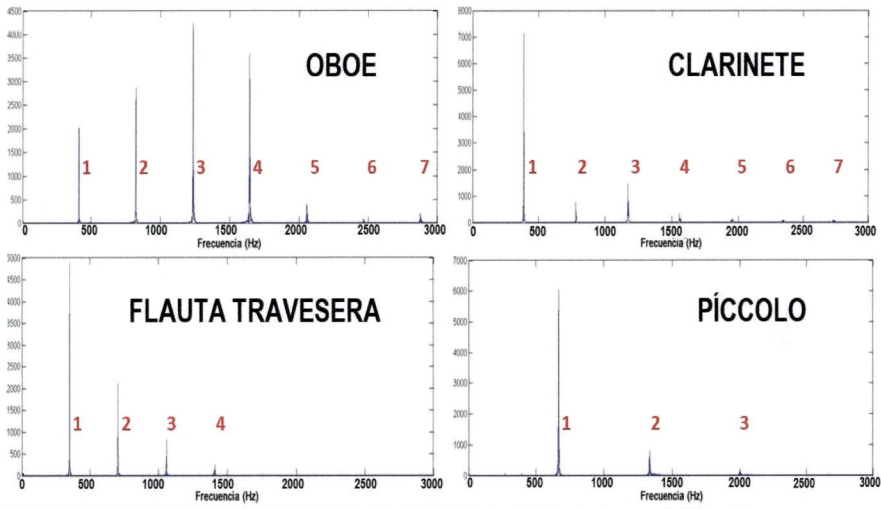

Figura 1.7 Composición espectral del sonido de cuatro instrumentos de viento al emitir una misma nota. Los tres primeros emiten un Fa de 349 Hz y el cuarto emite esa misma nota, una octava por encima (Fa de 698 Hz). Las diferencias de intensidad de los armónicos de cada instrumento permiten discernir entre sus timbres.

Con todo ello, llegamos a la respuesta a la pregunta inicial: ¿Qué es un sonido musical y qué es un ruido? Un sonido musical es un sonido complejo formado por una frecuencia fundamental que define la nota o tono y unas frecuencias múltiplos de la fundamental, denominadas *armónicos* que en conjunto definen el timbre.

Gracias a ello podemos distinguir una nota de otra y también qué instrumento la emitió, aunque no lo veamos. Por el contrario, un ruido es la superposición de un conjunto caótico de frecuencias que no guardan relación alguna de multiplicidad y por tanto no producen sensación de tono. Si todos los instrumentos musicales de cuerda y de viento son tonales, es decir, emiten sonidos musicales que dan sensación de tono, no así sucede con los de percusión. Hay un conjunto de instrumentos de percusión tonales como las campanas o los timbales y otros muchos que son atonales como el gong, el bombo, los tambores, etc.

Así pues, el timbre de los instrumentos musicales se debe a la existencia de los armónicos superiores a la frecuencia *fundamental* o *tonal*. Nuestro sistema psicoacústico percibe todos ellos, y el conjunto de las sensaciones le permite al cerebro distinguir de qué instrumento se trata, pese a que todos puedan emitir una misma nota.

La figura 1.7 muestra la estructura tímbrica de cuatro instrumentos de viento emitiendo todos ellos un Fa de 349 Hz que está definido por la frecuencia fundamental o tonal. La diferencia de intensidades de los armónicos superiores 2, 3, 4... etc. es percibida por nuestro oído e interpretada por nuestro cerebro, permitiendo reconocer cada uno de ellos, incluso sin verlos.

I.5 CONCLUSIONES

Este capítulo tiene carácter preliminar, siendo su lectura absolutamente necesaria para todos los no iniciados en la física, dado que en él se expone de manera sencilla y concisa los conceptos fundamentales de la ondulatoria.

Es preciso distinguir entre una onda transversal y una longitudinal para comprender la naturaleza del sonido y son necesarios los conceptos de frecuencia y longitud de onda para entender más adelante muchos de los planteamientos sobre la naturaleza de la voz y de cómo nuestro oído detecta ese sonido.

En la naturaleza, toda magnitud que se expande en todas direcciones, en un medio homogéneo, lo hace disminuyendo su intensidad en razón inversa al cuadrado de la distancia. Lo hace la gravedad, la intensidad luminosa, las ondas sísmicas, las fuerzas electrostáticas y, por supuesto, el sonido. Tras la lectura de este capítulo debe quedar claro que el sonido atenúa cuatro veces su intensidad al duplicar la distancia al foco emisor, lo hace nueve veces al triplicar esa distancia, y así sucesivamente.

Cuando dos ondas de la misma naturaleza coinciden en un punto, sus efectos vibratorios se suman algebraicamente, según expresa la figura 1.3. Dicho de otro modo, cuando un punto de un medio se ve afectado por dos ondas, el movimiento vibratorio de ese punto es el resultado de la superposición de los efectos vibratorios de las dos ondas. Así, en aquellos puntos en los que las ondas coinciden con la misma fase, sus efectos se suman pero, si coinciden en contrafase, sus efectos se restan. Como consecuencia, en una amplia zona por donde transiten dos ondas de igual naturaleza habrá puntos en los que la vibración se amplifica a costa de la atenuación que habrá en los puntos donde las ondas coincidan en contrafase (figura 1.4). El resultado es la aparición de un campo de interferencias en el que alternan los puntos de interferencia constructiva con aquellos en los que se produce la interferencia destructiva.

Un caso muy concreto, de gran interés en la ciencia de la música, es la superposición de una onda acústica que viaja a lo largo de una cuerda tensada o bien por el aire contenido en el interior de un tubo cilíndrico, con otra idéntica que viaja en sentido contrario. En tal caso, el campo de interferencias ocasionado es lineal. Las interferencias constructivas, llamadas *vientres*, y las destructivas, llamadas *nodos,* alternan regularmente dando la impresión de que se trata de una onda que permanece estática. Por este motivo, a ese campo de interferencias lineal se le llama *onda estacionaria*. En los instrumentos musicales de cuerda, la onda transversal viaja de un lado a otro, reflejándose en los extremos inmóviles de la cuerda e interfiriendo consigo misma. Las ondas estacionarias que se producen están representadas en la figura 1.5-A.

En los instrumentos de viento, la onda longitudinal que viaja por el interior del cuerpo del instrumento se refleja en los extremos abiertos del tubo, volviendo hacia atrás. Al interferir consigo misma, la onda acústica genera un campo de interferencias lineal, representado en la figura 1.5-B y C. Este fenómeno explica las distintas resonancias que se dan, tanto en los instrumentos de cuerda como en los de viento, las cuales son las responsables de su timbre.

El órgano fonador humano se comporta como un tubo resonante "tapado" (figura 1.5-C) y, por ello, es muy necesario tener claras las ideas expuestas en este capítulo si se aspira a comprender cómo y por qué se produce nuestra voz.

Finalmente, se hace distinción entre sonidos musicales y ruidos, enfatizando en el hecho crucial de que los sonidos musicales son complejos, estando constituidos por una frecuencia fundamental o tonal y sus armónicos, frecuencias múltiplos de la primera. Por su parte, los ruidos son sonidos formados por numerosas frecuencias que no guardan orden alguno entre sí y que, por tanto, no dan ninguna sensación de tono.

CAPÍTULO II
INTERVALOS, ESCALAS MUSICALES Y ACORDES

La música es, en principio, el arte de combinar los sonidos en una sucesión temporal y, como tal, no tiene ningún sentido si no es para ser escuchada. Al propio tiempo, la variedad de tonos que nuestro oído es capaz de percibir es muy elevada, estando acotada tan sólo por los límites de sensibilidad de nuestro sentido auditivo. Ahora bien, de este espectro sonoro es preciso elegir ciertas frecuencias o tonos, con exclusión de las demás, para disponer de un conjunto de sonidos que permitan la construcción de las melodías y así, de igual forma que el pintor usa unos determinados colores en su paleta para hacer sus cuadros, el músico necesita las notas de la escala para componer y ejecutar su música.

Veremos en un capítulo posterior que el órgano fonador humano es un complejo y sofisticado sistema, exclusivo de nuestra especie y resultado de una evolución natural, que a través del juego de la vida y la muerte conformó a los seres humanos. La naturaleza dio forma a un ser inteligente y colaborativo que precisaba un sistema que le permitiera compartir ideas y emociones con sus semejantes. Para ello necesitaba un órgano capaz de articular los complejos sonidos del habla y al propio tiempo necesitaba un órgano que recibiera y procesara con eficiencia esa complicada información acústica. Sin duda, estas son las razones últimas de la existencia de nuestros sistemas fonador y auditivo.

Pues bien, al tiempo que la naturaleza nos dotó de un sofisticado órgano fonador y un avanzadísimo sistema auditivo, necesarios para nuestra supervivencia, nos hizo de paso un inmenso regalo: el canto.

La invención de la música es un hecho que se pierde en la noche de los tiempos. Con toda probabilidad, los primeros sonidos musicales producidos por los seres humanos debieron ser emitidos por sus propias voces. Después vinieron las flautas hechas con la diáfisis de huesos animales, conchas de grandes caracoles o cañas convenientemente trabajadas y los tambores, así como otros instrumentos de percusión. Debemos pues considerar que el uso de la voz como un instrumento musical es uno de los grandes regalos que nosotros, los seres humanos, hemos recibido gratuitamente de la Madre Naturaleza.

II.1 INTERVALOS MUSICALES

Hemos afirmado al inicio de este capítulo que, siendo la música una sucesión ordenada de sonidos, se requiere seleccionar ciertos tonos, de los infinitos posibles, para componer las melodías. Esos tonos, ordenados desde el más agudo hasta el más grave, conforman una *escala musical*. Procede ahora preguntarse por qué la escala musical, utilizada hoy universalmente, es como la conocemos y no de otra forma. La respuesta a esa cuestión la encontraremos al percatarnos de la existencia de ciertos intervalos presentes en el medio natural, no inventados por el hombre, que permiten construir una escala musical.

Efectivamente, la construcción de la escala musical se realiza a partir de la existencia del intervalo de *octava*. Esta unidad natural se manifiesta espontáneamente, y de forma evidente, al observar: a) que un hombre y una mujer pueden cantar al "unísono" la misma melodía, si bien el primero lo hace emitiendo tonos más graves que la segunda, b) que una flauta, al ser soplada con fuerza, produce un sonido que se parece mucho al de origen, pero es más agudo e igual al de otra flauta de longitud mitad y c) que este mismo efecto se produce al comparar el sonido de una cuerda que vibra en toda su extensión, con el de la misma cuerda, reducida también a su mitad.

Figura 2.1 Pitágoras estudiando las relaciones entre la tensión de las cuerdas y el sonido, para una longitud igual de las mismas (grabado del libro "Theorica Musicae" escrito por Franchino Gaffurio en 1492, que se conserva en la Biblioteca Trivulziana de Milán).

Se atribuye a Pitágoras la invención de las restantes unidades musicales, también llamadas *intervalos consonantes*, pues al sonar simultáneamente dos notas separadas por algunos de estos intervalos, su efecto sobre el oído es agradable, de ahí que se llamen consonantes.

Si una cuerda tensa de longitud L vibra originando una nota, que llamaremos *tónica*, y con ayuda de una cuña se reduce su longitud a (5/6) L, la frecuencia se incrementa en la razón (6/5) y la altura aumenta en una *tercera menor* (Figura 2.2). Con otras reducciones de la longitud de la cuerda, resultan otros intervalos o unidades musicales, a saber: (4/5) *tercera mayor*; (3/4) *cuarta menor*; (2/3) *quinta mayor*; (1/2) *octava*.

El resultado de la superposición de dos sonidos simultáneos puede ser consonante o disonante. La experiencia enseña que, en cualquiera de los dos casos, la sensación producida en el oído no depende de los valores absolutos de las frecuencias de los sonidos, sino de la relación entre ellas, por ello se ha dado el nombre de *intervalo* al cociente de ambas frecuencias, tomando como numerador la mayor de ellas y como denominador la correspondiente a la tónica o fundamental.

En la figura 2.2 se ha supuesto que la cuerda, al vibrar en toda su extensión, emite como tónica el DO central (tónica). Las notas correspondientes a los sucesivos intervalos están expresadas en la misma columna. A la derecha se expresan los intervalos que forman los distintos sonidos con la tónica y más a la derecha se expresan los semitonos contenidos en cada intervalo.

Longitudes vibrantes	Notas	Intervalos	
		Nombres	N°semitonos
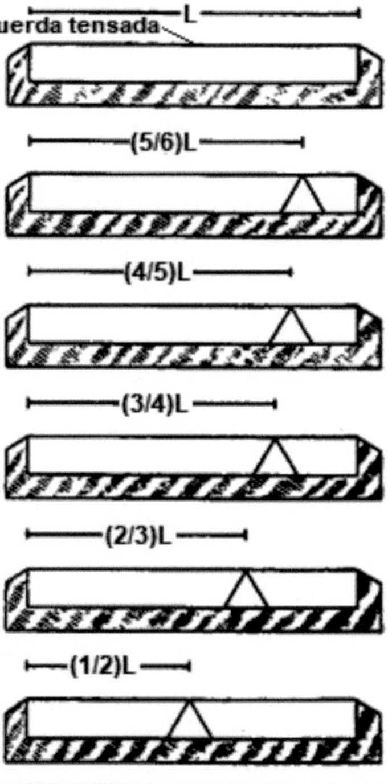 Cuerda tensada — L —	DO_5	--	--
—(5/6)L—	MIb_5	3ª m	3
—(4/5)L—	MI_5	3ª m	4
—(3/4)L—	FA_5	4ª	5
—(2/3)L—	SOL_5	5ª	7
—(1/2)L—	DO_6	8ª	12

Figura 2.2 Al segmentar una cuerda de modo que la longitud del sector sea una fracción simple de la longitud total se obtiene un sonido que forma un intervalo consonante con el sonido que produce la cuerda al vibrar con toda su extensión.

Por tanto, dados tres sonidos S_1, S_2 y S_3, de frecuencias f_1, f_2 y f_3, en términos musicales se considera que el intervalo existente entre S_3 y S_1 es la suma de los intervalos formados por S_2 y S_1 y por S_3 y S_2. Ahora bien, la relación que cumplen realmente esos intervalos es, matemáticamente:

$$\frac{f_1}{f_3} = \frac{f_1}{f_2} \cdot \frac{f_2}{f_3}$$

Aplicando los logaritmos resulta:

$$\log(f_3/f_1) = \log(f_3/f_2) + \log(f_2/f_1)$$

Para conservar el lenguaje de los músicos, se debería de tomar como medida de un intervalo el logaritmo de la relación entre las frecuencias. Se conviene en utilizar logaritmos de base 10 y, para no operar con decimales, se multiplican por 1.000. El intervalo unidad se llama Savart. El oído humano es incapaz de apreciar como diferentes dos notas cuya diferencia sea inferior al Savart.

Dos sonidos de la misma frecuencia tendrán de intervalo la unidad, se dice que están al unísono (musicalmente el intervalo es nulo, porque su valor es 1.000 x log1 = 0) y una persona no es capaz de diferenciarlos. Si el intervalo es igual a 2 se tratará de una octava, siendo su valor en Savart:

$$1000.\log 2 = 301$$

Hay que tener en cuenta que cuando dos o más sonidos son percibidos por el oído sucesiva o simultáneamente, hay en esa percepción una cualidad que no cambia cuando, al variar de igual manera las frecuencias de los sonidos, no se altera la relación entre ellas, es decir, sus intervalos no varían.

Figura 2.3 Intervalos musicales consonantes con expresión del número de semitonos y la relación de frecuencias tonales.

Por tanto, en música quedan definidas todas las notas por sus intervalos, luego para determinar sus frecuencias basta fijar la de una de ellas. En el Congreso Técnico Internacional de Acústica (1953), se adoptó para el LA_4 una frecuencia de 440 Hz.

Los intervalos musicales pueden ser memorizados, especialmente los consonantes, siendo absolutamente necesario para seguir mínimamente una partitura. Esto es muy importante en el caso de los coros no profesionales donde con frecuencia, se canta de memoria y donde todo se confía al "oído musical". Memorizar los intervalos consonantes y reconocerlos sobre el pentagrama supone una importantísima mejora en las cualidades de todo coralista.

II.2 ESCALAS MUSICALES

En música es necesario disponer de un número limitado de sonidos (notas), elegidos de entre las infinitas frecuencias, que han de cumplir una doble condición: Por un lado, la de formar intervalos sencillos con una de ellas, libremente elegida y denominada "tónica", y por otro la de que las relaciones de frecuencia entre dos cualesquiera sean también las más sencillas posible. A esta sucesión de sonidos se le llama *escala musical o gama*.

La escala musical o gama está formada por la repetición ilimitada de la unidad natural por excelencia: la *octava*. En la práctica, los límites de la escala están condicionados por la sensibilidad tonal del oído, que es nula por debajo de 20 Hz y por encima de 3.500 Hz[4].

II.2.1 Tipos de escalas musicales

Resulta sorprendente que, desde la más remota antigüedad, la elección de las notas que componen la octava, obtenidas tan sólo por medio de la intuición y la sensibilidad, tienen que ver con el fenómeno físico de los armónicos de un sonido, si bien la correlación entre este fenómeno y el timbre, no se ha encontrado hasta el siglo XVIII.

El número de notas que componen la octava ha variado según las diversas culturas, pero cabe destacar entre otras:
   a) La escala *pentafónica*, característica de la cultura china, así como de otras culturas exóticas, incluso algunas europeas.
   b) La *heptafónica*, también llamada *diatónica* o *natural*, utilizada desde la Edad Media en todo el mundo occidental.
   c) La *dodecafónica* o *cromática*, que no es sino una ampliación de la anterior que proporciona doce notas dentro de la octava.

---

[4]   Realmente la sensibilidad del oído se extiende hasta 20.000 Hz si bien la sensación de tono o altura se pierde a partir de los 3.500 Hz (correspondiente a la tecla más aguda de un piano).

En el esquema comparativo de la figura 2.4 aparecen representadas las tres escalas. El círculo verde dividido en doce partes representa la escala cromática. En trazo rojo se representa la escala diatónica y en trazo azul la pentafónica.

Al comparar las dos últimas, se aprecia en ambas el mismo tipo de asimetría acústica, consistente en dos intervalos cortos de un semitono cada uno y cinco largos de un tono, para la escala diatónica, frente a los tres cortos y dos largos de la pentafónica. Juzgadas las cosas desde este punto de vista, ambas escalas son equivalentes, por lo que a la sensación de disonancia e incomprensión que para los oídos occidentales produce la música oriental, ha de tener forzosamente su origen en causas educacionales.

Sin embargo, la simetría de la escala cromática es evidente, lo que la hace acústicamente superior a las anteriores, si bien su uso sistemático acarrea la pérdida de la tonalidad, de tanta tradición en la música occidental. Por ello se hace un empleo restringido de ella, teniendo siempre como base la escala heptafónica. Existen, no obstante, composiciones de música "atonal", enmarcadas en la corriente del "dodecafonismo", iniciada por A. Schönberg, que hacen uso exclusivo de la escala dodecafónica.

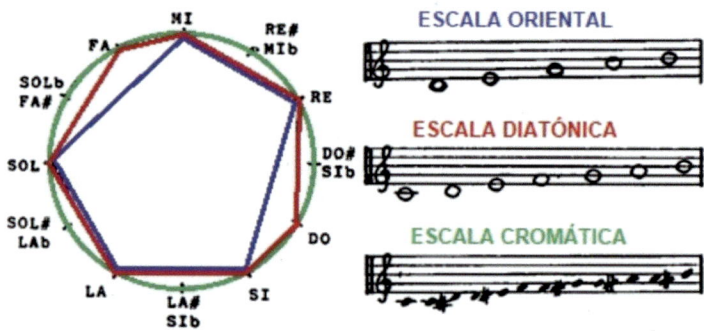

Figura 2.4 Esquema comparativo de las escalas pentafónica (línea azul), heptafónica (línea roja) y dodecafónica (línea verde).

En lo que resta de capítulo nos referiremos fundamentalmente a la escala diatónica, y ocasionalmente a la cromática, por ser la primera la base esencial de la música actual.

Las denominaciones DO, RE, MI, FA, SOL, LA, SI de las notas que componen la escala diatónica, son las habituales en la notación musical latina, establecidas por el benedictino Guido D'Arezzo (990-1058), a quien se atribuye la invención del actual sistema de solfeo. Él dio nombre a cada nota a partir de la primera sílaba de su himno a San Juan Bautista:

Ut queant laxis Resonare fibris, Mira gestorum, Famuli tuorum,
Solve poluti, Labili reatum, Sancte Ioannes.

HIMNO A S. JUAN BAUTISTA

Guido d'Arezzo (990-1058)

Figura 2.5 Primera estrofa del Himno a San Juan Bautista, de Guido d'Arezzo (990-1058), en notación moderna.

En la práctica no son suficientes los siete sonidos de la escala natural, pues con frecuencia es necesario modificar el tono de la melodía, es decir, tomar como nota fundamental la tónica o una distinta del DO, de modo que, a partir de ella, subsista la misma serie de intervalos que define la gama. Para ello es necesario intercalar nuevas notas o alteraciones (bemoles y sostenidos). A este hecho responde el formato del teclado clásico.

II.2.2 Construcción de la escala diatónica

Muchos de los inventos materializados por el hombre no son sino copias más o menos elaboradas de los diseños existentes en la naturaleza, así, por ejemplo, un avión es un gran pájaro capaz de transportar en su panza a viajeros y mercancías, una casa es una sofisticada cueva mucho más confortable que las que habitaron los neandertales, un barco es un elaboradísimo tronco de árbol con el que se puede atravesar lagos y mares y una excavadora es un poderoso brazo cuya potencia excede a la de mil hombres forzudos. Otras veces los grandes inventos son meras copias de elementos existentes en la naturaleza; tal sucede, por ejemplo, con una gran mayoría de los medicamentos que no son sino concentrados de las hierbas terapéuticas que hace siglos utilizaron los médicos o bien el vidrio, que no es sino una copia de los minerales vítreos como la obsidiana o el cuarzo.

Y, la escala musical ¿es también un diseño humano elaborado con elementos existentes en la naturaleza? Por supuesto que sí.

Los intervalos que componen la escala musical se encuentran en la naturaleza, precisamente en los modos de vibración de los materiales elásticos, y más en

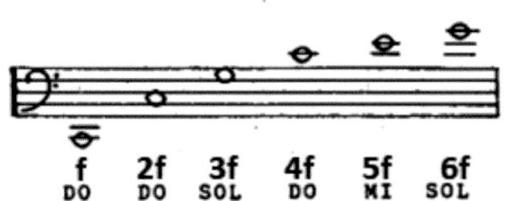

Figura 2.6 Representación con notación musical de un Do con sus seis primeros armónicos.

concreto, en los materiales utilizados en la construcción de los instrumentos musicales. Vimos en el punto I.2 (Figura 1.5) que cuando se excita una cuerda tensada o bien el aire contenido en el interior de un tubo, ambos elementos elásticos exhiben un conjunto de vibraciones cuyas frecuencias guardan entre sí relaciones numerales sencillas. Estas frecuencias son captadas por el oído y del conjunto de estímulos, el cerebro detrae la sensación de timbre, como ya vimos.

Pues bien, las frecuencias componentes de los sonidos musicales siguen la secuencia:

$$f, 2f, 3f, 4f, 5f, 6f, \ldots$$

Y podemos reconocer en esa secuencia los intervalos consonantes que permiten definir la escala musical. En efecto, la frecuencia fundamental o tonal *f* forma intervalo de octava con el primer armónico de frecuencia *2f*; este, a su vez, forma intervalo de quinta justa con el armónico segundo de frecuencia *3f*. Los armónicos tercero y cuarto de frecuencias *3f* y *4f* forman intervalo de cuarta justa y los armónicos cuarto, quinto y sexto definen los intervalos de tercera mayor y tercera menor (Figura 2.6).

Con estos seis sonidos, previamente ordenados, se obtiene un esquema para la formación de la escala natural. Merced al acoplamiento de sonidos intermedios, que diatónicamente rellenen el espacio que separa un sonido de otro, la octava queda de este modo constituida según expresa la figura 2.7. En ella podemos apreciar que las notas Do, Mi, Sol y Do corresponden a las frecuencias de los armónicos 4º, 5º, 6º y 8º del representado en la figura 2.6. Las frecuencias de las notas que faltan las encontraremos fácilmente usando los intervalos de cuarta y quinta:

El Re lo hallaremos como cuarta descendente del Sol, el Fa será la quinta descendente del Do agudo o bien la cuarta ascendente del Do grave, el La lo hallaremos como cuarta ascendente sobre el Mi y el Si será la quinta ascendente de esa misma nota.

En conclusión, la escala musical diatónica, mundialmente utilizada en la actualidad, es un elaborado producto, inventado en la Edad Media, que toma como elementos esenciales para su construcción las frecuencias de los sonidos tonales complejos y los intervalos que forman esas frecuencias.

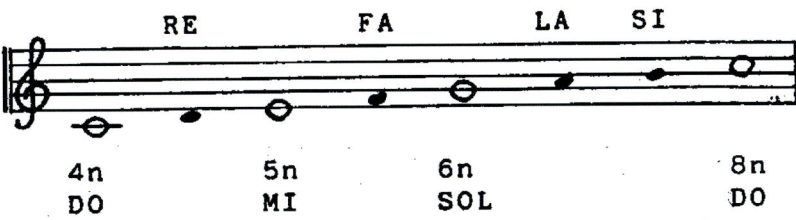

Figura 2.7 La escala diatónica puede construirse copiando los armónicos de cualquier sonido musical y empleando los intervalos de cuarta y quinta.

¿Eran Guido d'Arezzo y los músicos de su época conscientes de lo que hacían en la forma como se ha expuesto aquí? Con toda seguridad, no. Probablemente, su fino oído musical les permitía distinguir algunos de los armónicos de los sonidos emitidos por los instrumentos que tañían, pero eso es todo. Ellos actuaban por intuición y, a través del procedimiento del "ensayo-error", fueron perfeccionando el diseño y así, en el s. XV, la escala diatónica estaba ya perfectamente definida tal y como hoy la conocemos.

II.2.3 Afinación de la escala musical

Los músicos de las épocas renacentista y barroca afinaban los instrumentos de tecla por el denominado "Método de las Quintas". Dicho método consiste en el empleo sistemático de intervalos de 5ª y 8ª justas con objeto de lograr la máxima consonancia para todos los intervalos posibles.

En el caso representado en la figura 2.8, el músico partiría de un DO cuya afinación tenía establecida previamente. A continuación, afinaba el SOL a intervalo de quinta del DO de partida y después obtenía el RE ascendiendo una quinta respecto del SOL. Luego, descendiendo una octava, obtenía el RE grave y ascendiendo dos quintas consecutivas obtenía las notas LA y Mi. Volvía a descender una octava situándose en el MI grave. A partir de ahí, afinaba el SI ascendiendo una

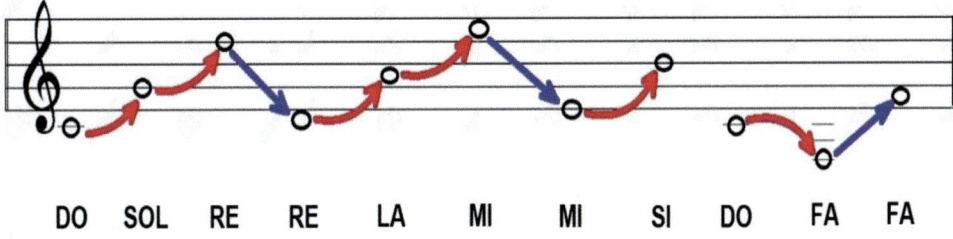

Figura 2.8 Secuencia para la afinación de un instrumento de tecla por el procedimiento de las quintas.

quinta, Finalmente, retomaba el DO de partida y descendía una quinta hasta el FA grave y por fin, ascendiendo una octava, podía afinar el FA.

De esta manera, a partir de una nota cuya afinación fuera segura, se podía afinar todas las notas del instrumento sin más que utilizar intervalos de quinta y de octava.

Ciertamente, la interpretación de la música utilizando los intervalos perfectos, altamente consonantes, fue la mejor opción desde los comienzos de la polifonía. Tanto los músicos que tocaban instrumentos de entonación libre (violines, violas, trompetas, añafiles, etc.) como los cantores no tenían grandes dificultades. Muy al contrario, los que tocaban instrumentos de entonación fija (laúdes, arpas, vihuelas, etc.) y, muy en particular, los que tocaban instrumentos de tecla, tenían grandes problemas al pasar de una tonalidad a otra. El instrumento sonaba muy bien si la tonalidad de la partitura coincidía con la nota de partida en el proceso de afinación y no así al interpretar con ese mismo instrumento otra partitura en diferente tonalidad.

Y por si ello fuera poco, este método tenía otro serio inconveniente. Los instrumentos de tecla renacentistas (órganos, clavecines, etc.) cubrían a lo sumo tres octavas y media y, por regla general, al afinar el instrumento a partir de una nota grave, generalmente el Mib, por el procedimiento de las quintas, aparecían irremediablemente dos notas, el Mib de partida y el La$_b$ de su izquierda, que formaban una quinta disminuida que, por su efecto disonante y sombrío, era llamada "quinta del lobo". Por ello, los compositores de la época eludían sistemáticamente los sonidos simultáneos que estuvieran separados por este intervalo.

Desde siempre, las dificultades emanadas del empleo de los intervalos perfectos a la hora de hacer música eran sobradamente conocidas ya desde la Edad Media y se tiene constancia de que en el S. XV el organista Bartolomé Ramos de Pareja (1440-1522) y más tarde, en el S. XVI, el salmantino Francisco de Salinas (1513-1590) afinaban sus instrumentos por el procedimiento de las quintas desafinando ligeramente a la baja, y por igual, todas ellas, de forma que diluían el efecto adverso que de otra forma se concentraba en la temida "quinta del lobo". La ligera desafinación apenas se notaba y el efecto general conseguido era bueno.

Más tarde, ya en pleno S. XVII, el gran J.S. Bach fue un decidido impulsor de este modo de afinación que, entre otras ventajas, permite interpretar con un mismo instrumento de tecla todo tipo de composiciones, cualquiera que sea su tonalidad, con un grado de afinación satisfactorio. Como colofón al empeño, compuso la colección "El clave bien Temperado" que incluye veinticuatro melodías en todas las tonalidades y modos posibles.

155,56 233,34 1,5 233,34 350,01 1,5   175,00 262,51 1,5 262,51 393,76 1,5

196,88 295,32 1,5 295,32 442,98 1,5   221,49 332,24 1,5 332,24 498,35 1,5

249,18 373,76 1,5 373,76 560,65 1,5   280,32 420,49 1,5 210,24 105,12 **1,48**

Figura 2.9 Representación en notación musical del proceso de afinación de un instrumento de teclado por el "Método de las Quintas", utilizado por los teclistas de los períodos renacentista y barroco. Detrás de cada pareja de notas a intervalo de quinta justa se representa la relación de frecuencias del intervalo. Obsérvese que la última quinta obtenida por este método está desafinada a la baja. Cuando, en un instrumento afinado así, se tocan a un mismo tiempo un La$_b$ y un Mi$_b$ el sonido resultante es sombrío y desagradable.

Tras varias tentativas, el procedimiento adoptado actualmente para la afinación de la *escala Temperada* o *Templada* es el de Ernest Chladni[5]. Consiste en establecer un intervalo constante, llamado *semitono*, que constituye la unidad mínima de la escala cromática templada. Su valor es:

$$\sqrt[12]{2} = 1,0594631$$

Así, a partir del LA de 440 Hz, las frecuencias de la gama completa son las que aparecen en la figura 2.10, en la que además se indican las tesituras de las diferentes voces. En ella cada valor se obtiene multiplicando el anterior por el valor $\sqrt[12]{2}$. Resulta obvio que la relación de frecuencias de notas separadas por un *tono* será:

$$\sqrt[12]{2}.\sqrt[12]{2} = \sqrt[6]{2}$$

---

[5]   Físico alemán (1756-1827) estudió todo tipo de fenómenos vibratorios, inventó el método que lleva su nombre para observar las vibraciones en placas y láminas, midió la velocidad del sonido, estableció los límites de la audición acústica y fijó las relaciones de frecuencias en los intervalos temperados.

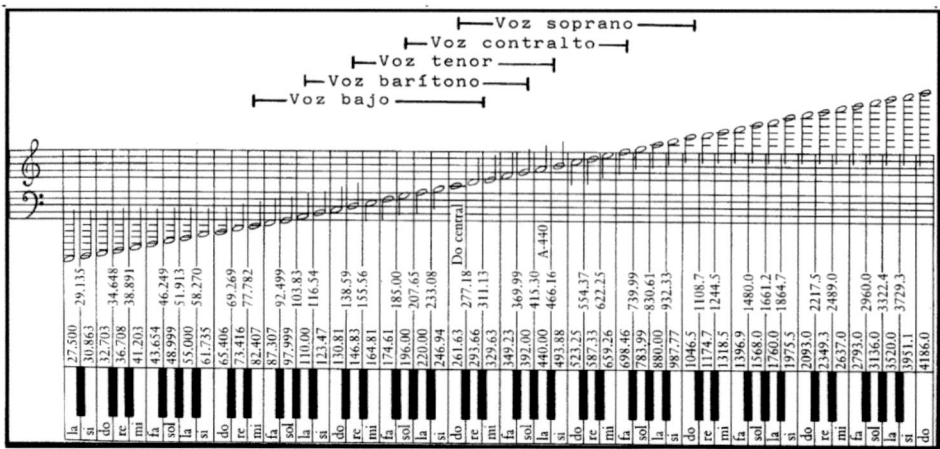

Figura 2.10 Escala musical moderna con expresión de la frecuencia tonal de cada nota y la ubicación de las tesituras de las voces.

La afinación temperada da por otro lado, una excelente aproximación a los intervalos perfectos, siendo esta aproximación la misma en todas las tonalidades. En definitiva, con la afinación temperada se consigue que todas las tonalidades estén afinadas (o si se prefiere, "desafinadas") por igual.

II.3 ACORDES

La obtención de combinaciones de frecuencias agradables al oído ha sido durante siglos una constante en las pretensiones de los compositores, que han intentado siempre que los sonidos emitidos de forma simultánea gozaran de una cierta fusión que diera homogeneidad a la percepción armónica. Tradicionalmente, a los sonidos que cumplen esa condición, se les llama consonantes. Por el contrario, la disonancia entre dos o más sonidos tiende a considerarse, no como un fenómeno positivo, sino como la falta de consonancia, asociándolo siempre a la idea de sonido desagradable, puesto que los sonidos involucrados adolecen de esa unidad y coherencia entre ellos.

La regla tradicional empleada por los músicos establece que, cuanto más simple sea la relación de frecuencias de dos sonidos, más consonante será el intervalo que forman. De acuerdo con este enunciado, puede establecerse el orden relativo de los intervalos que aparece en la figura 2.3. La consonancia musical es, a su vez, la base de la *armonía musical*, entendiéndose por tal a la ciencia que construye los *acordes* (tres o más sonidos sonando simultáneamente) y que indica la manera de combinarlos en la forma más equilibrada. Se consigue así sensaciones de tensión o desasosiego y de relajación o reposo. El reposo correspondería con la armonía consonante y la tensión con la armonía disonante. La armonía empezó a cobrar importancia en la etapa en la que los historiadores de la música sitúan la aparición de la polifonía.

El carácter consonante o disonante puede también aplicarse a los acordes, es decir, cuando varios sonidos diferentes (como mínimo tres) se ejecutan de forma simultánea. Es evidente que a un acorde se le puede atribuir el calificativo de consonante, cuando está compuesto por intervalos consonantes; un acorde de este tipo, por propia naturaleza, da una sensación tonal definida, pues además de la relación sonora agradable que produce por la composición de sus intervalos, puede servir de base a un tono determinado. Pertenecen a este grupo de acordes, el *perfecto mayor* (formado por una tercera mayor y una quinta) y el *perfecto menor* (formado por una tercera menor y una quinta), así como todas sus inversiones, es decir, los casos en que la nota fundamental no estuviera colocada en la parte más grave de la armonía. Si actualmente todos los armonistas admiten la consonancia de los intervalos de tercera, éstos, junto con su quinta correspondiente, constituyen el principio generador de la armonía moderna, siendo ambos el alfa y el omega del sistema armónico.

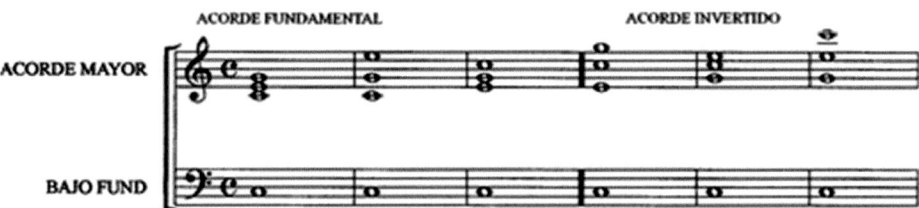

Figura 2.11 Representación de un acorde de Do mayor y sus inversiones (pentagrama superior) y de la sensación tonal subjetiva (bajo fundamental) proporcionada (pentagrama inferior).

Para abordar correctamente el tema de la consonancia de los acordes perfectos, es preciso comprender en qué consiste el llamado *efecto del bajo fundamental*. Este hecho se basa en que el sistema psicoacústico humano tiene una fuerte tendencia a adscribir un solo tono a una serie de sonidos reales cuyas frecuencias sean múltiplos de una frecuencia común, aun cuando la propia frecuencia o algunos de sus múltiplos enteros, esté ausente[6].

Pero, ¿por qué motivo nuestro cerebro posee esa extraordinaria habilidad? La explicación hemos de buscarla de nuevo en la Evolución Natural. Debemos tener presente que el ser humano es un producto que la naturaleza ha obtenido a través de la selección natural. A lo largo de millones de años, nuestros ancestros fueron evolucionando en un medio al que tuvieron que adaptarse y ese medio es, entre otras muchas cosas, acústico. Muchos de los sonidos que los oídos de aquellos seres

---

[6]   Más adelante nos referiremos de nuevo a este fenómeno psicoacústico bajo el nombre de *Tono Virtual*.

oían, eran tonales (revisar el capítulo I) y en esas condiciones, el cerebro de aquellos seres se "acostumbró" a detraer una sensación de tono o altura a partir de la frecuencia fundamental y la sensación tímbrica a resultas de los restantes armónicos. El espectacular desarrollo cerebral de la especie *homo* determinó que el cerebro humano llegara a ser capaz de generar una sensación de tono incluso en ausencia de la frecuencia fundamental.

Veamos, si se nos presenta un sonido complejo compuesto por las frecuencias *f, 2f, 3f, 4f, 5f*... escucharemos un sonido de altura *f* cuyo timbre será el resultado de la superposición de los sonidos *2f, 3f, 4f, 5f*... Supongamos ahora que se nos presentan las frecuencias *2f, 3f, 4f, 5f*... Pues bien, en este caso nuestros mecanismos cerebrales construyen a partir de esas frecuencias la sensación tonal de frecuencia *f* que muchos autores denominan *Tono virtual*. Y aún más, la sensación de tono virtual la tendremos también si faltaran varios armónicos. En tales casos, a través de mecanismos psíquicos que hoy apenas conocemos, el cerebro construye con pasmosa eficiencia el tono virtual.

En atención a los lectores más incrédulos, se propone el siguiente hecho: Supongamos que con nuestro smartphone escuchamos de Spotify la celebérrima Quinta Sinfonía de L.V. Beethoven. Realmente, no estaremos escuchando esa magna obra, ya que el altavoz de nuestro celular es incapaz de reproducir las frecuencias tonales emitidas por contrabajos, trombones, cellos, etc. Pese a ello, no solo reconocemos la música, sino que incluso disfrutamos con la audición. ¿Qué está pasando? Pues, sencillamente, que nuestro cerebro, a impresionante velocidad, está construyendo las sensaciones de tono a partir de la audición de las frecuencias superiores, las únicas que el pequeño altavoz de nuestro teléfono puede reproducir.

Sabemos gracias a las matemáticas que el valor de la frecuencia tonal *f* es el máximo común divisor de los valores de las frecuencias de los armónicos *2f, 3f, 4f*... si bien un ordenador podría calcular a gran velocidad las frecuencias tonales por este método, el cerebro va por otros caminos, tan desconocidos como eficientes.

Una vez que tenemos claro el concepto de *bajo fundamental* (o *tono virtual*), volvamos al acorde de Do mayor de la figura 2.11. Llamando *f* a la frecuencia fundamental del DO, en la tabla siguiente aparecen en función de ella, el resto de las frecuencias de los armónicos que componen el acorde:

NOTA	Fundamental	Armónico 2	Armónico 3	Armónico 4	Armónico 5	Armónico 6
DO	f	2f	3f	4f	5f	6f
MI	$(5/4)f$	$2.(5/4)f$	$3.(5/4)f$	$4.(5/4)f$	$5.(5/4)f$	$6.(5/4)f$
SOL	$(3/2)f$	$2.(3/2)f$	$3.(3/2)f$	$4.(3/2)f$	$5.(3/2)f$	$6.(3/2)f$

Se observa que todas esas frecuencias son múltiplos de un mismo valor (1/4*f*), que sería la frecuencia del bajo fundamental, pudiendo por tanto expresarse en función de ella, las frecuencias de todos los armónicos:

NOTA	Fundamental	Armónico 2	Armónico 3	Armónico 4	Armónico 5	Armónico 6
DO	4. (1/4) f	8. (1/4) f	12. (1/4) f	16. (1/4) f	20. (1/4) f	24. (1/4) f
MI	5. (1/4) f	10. (1/4) f	15. (1/4) f	20. (1/4) f	25. (1/4) f	30. (1/4) f
SOL	6. (1/4) f	12. (1/4) f	18. (1/4) f	24. (1/4) f	30. (1/4) f	36. (1/4) f

Un oído educado no escuchará el conjunto de las tres notas, sino que oirá un único sonido de frecuencia *f*/4, es decir, un DO situado dos octavas por debajo del DO de nuestro acorde.

Si procedemos de la misma forma con el acorde perfecto menor, tomando como ejemplo DO – Mi$_b$ - SOL, la tabla que figurará a continuación nos permite obtener para el bajo fundamental una frecuencia *f*/10:

Las frecuencias de todos los armónicos implicados serían, en función del fundamental de la tónica:

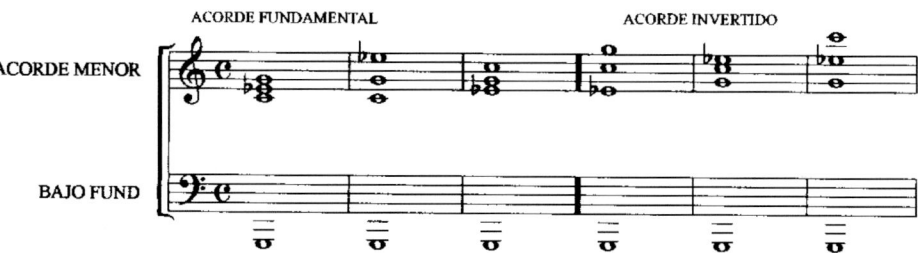

Figura 2.12 Representación de un acorde de Do menor y sus inversiones (pentagrama superior) y de la sensación tonal subjetiva (bajo fundamental) proporcionada (pentagrama inferior).

NOTA	Fundamental	Armónico 2	Armónico 3	Armónico 4	Armónico 5	Armónico 6
DO	f	2f	3f	4f	5f	6f
MI$_b$	(6/5) f	2. (6/5) f	3. (6/5) f	4. (6/5) f	5. (6/5) f	6. (6/5) f
SOL	(3/2) f	2. (3/2) f	3. (3/2) f	4. (3/2) f	5. (3/2) f	6. (3/2) f

Expresando todas las frecuencias en función del valor 1/10 *f* llegamos a la conclusión de que el oído captaría un SOL # cuatro octavas por debajo de nuestro acorde:

NOTA	Fundamental	Armónico 2	Armónico 3	Armónico 4	Armónico 5	Armónico 6
DO	$(1/10)$ f	$2.(1/10)$ f	$3.(1/10)$ f	$4.(1/10)$ f	$5.(1/10)$ f	$6.(1/10)$ f
MI$_b$	$12.(1/10)$ f	$24.(1/10)$f	$36.(1/10)$f	$48.(1/10)$f	$60.(1/10)$f	$72.(1/10)$f
SOL	$15.(1/10)$ f	$30.(1/10)$f	$45.(1/10)$f	$60.(1/10)$f	$75.(1/10)$f	$90.(1/10)$f

Para terminar, comparemos los complejos sonoros creados por las dos clases de acordes perfectos. Aun produciendo ambos consonancia, el acorde perfecto mayor produce un bajo fundamental que duplica y refuerza los sonidos reales; en cambio el menor origina un bajo fundamental que, no sólo dará lugar a un efecto sonoro difuso, sino que además dista mucho en altura, lo que hará perder homogeneidad al efecto conseguido, aunque sea en una mínima parte.

Cualquier acorde superior (de cuatro o más notas) podremos considerarlo disonante, pues se destruiría el bajo fundamental; aun consiguiendo matemáticamente hallar una frecuencia común, ésta sería tan lejana en altura que no se percibiría, o en el mejor de los casos, no tendría coherencia alguna con los sonidos reales. Tal sucede con los acordes de séptima, tan frecuentes en la armonía.

II.4 CONCLUSIONES

En este capítulo hemos pasado revista a varios conceptos que son clave a la hora de comprender en su conjunto el fenómeno musical y más en particular, de la más ancestral forma de hacer música: el canto.

Hemos visto que la combinación de dos sonidos simultáneos puede proporcionar sensación agradable o desagradable según sea la relación de las frecuencias tonales de uno y otro y, en base a ello, hemos establecido el concepto de consonancia musical.

Hemos comparado acústicamente nuestra escala musical heptatónica con la escala pentafónica oriental y hemos considerado que la asimetría de cinco tonos y dos semitonos de la primera frente a tres tonos y dos semitonos de la segunda las hace igualmente válidas y que, por tanto, la incomprensión y la falta de valoración de la escala pentafónica se debe más a razones culturales que a motivos acústicos. Buena prueba de ello es el hecho de que los grandes hitos musicales a nivel mundial, hechos con la escala diatónica, son aceptados y disfrutados en los países orientales, cosa que no sucede con la música oriental en los países occidentales.

Hemos seguido el desarrollo histórico de la música desde su invención en la Europa medieval hasta nuestros días y hemos conocido las dificultades que tuvieron que superar los músicos y cantores de la Baja Edad Media y del Renacimiento para lograr el diseño actual: la escala de igual temperamento.

También hemos conocido las razones acústicas que hacen a ciertas combinaciones de tres o más sonidos, los acordes, agradables o desagradables y hemos valorado la importancia que ello tiene en la armonía y la composición musical.

La música es una creación de la mente humana cuyo origen se pierde en la noche de los tiempos. Como tantos otros inventos realizados por el ser humano a lo largo de los siglos, los elementos esenciales de la música están en la naturaleza. Todo lo que hace el hombre es copiar los diseños naturales y transformarlos deliberadamente con finalidades concretas. Así, vimos que el intervalo por antonomasia, la octava, se encuentra en nosotros mismos, en el dimorfismo sexual propio de nuestra especie y que los demás intervalos musicales pueden encontrarse en el comportamiento acústico de las cuerdas tensadas y de los tubos resonantes.

Hemos visto que la escala musical diatónica se encuentra oculta en los seis primeros armónicos de cualquier sonido tonal. Si bien los músicos de la antigüedad no eran conscientes de ello, actuaron por intuición buscando siempre los mejores resultados y desechando cuanto les apartara de ellos. Modificaron una y otra vez sus instrumentos intentando conseguir de ellos los mejores sonidos y cambiaron una y otra vez sus afinaciones hasta lograr las combinaciones acústicas más agradables. Es así como nació y se desarrolló la armonía.

Si bien el sentido de la consonancia subyace en la mente evolucionada y creativa del ser humano y pese a que hemos heredado de nuestros ancestros la fantástica facultad de reconocer tonos incluso en ausencia de la frecuencia tonal que los define, la música ha llegado a ser lo que hoy es a través de un tortuoso camino en el que se pasó de la monodia del *cantus firmus* a la polifonía renacentista, en la que la voz era acompañada por un exiguo número de instrumentos. Más tarde llegaría la música barroca con su filigrana acústica y después nacería la gran comunidad de instrumentos, que es la orquesta, y las grandes composiciones sinfónicas.

Si bien todo ello se desarrolló de forma puramente empírica, por el procedimiento "ensayo-error", hoy estamos en condiciones de dar explicaciones razonadas al fenómeno musical. Es precisamente esto lo que se pretende en esta obra.

CAPÍTULO III
LA PERCEPCIÓN AUDITIVA

Todos los seres superiores pertenecientes al reino animal dependen de su oído para relacionarse con el medio y subsistir en él. El ser humano no solo no es excepción a esta regla, sino que el universo acústico en el que se desenvuelve su existencia es de una complejidad y una riqueza muy superior a la de cualquier otro animal.

Tales consideraciones nos llevan a aceptar que, tanto el aparato fonador humano como su sistema auditivo[7], evolucionaron paralela y equilibradamente. Este proceso llegó a un grado de perfección sumo, merced al cual podemos reconocer la voz de una persona conocida de entre otras muchas sin tan siquiera ver a esa persona y también somos capaces de distinguir un gemido de dolor de otro que exprese placer. Las habilidades de nuestros sistemas fonador y auditivo son inmensas. Diríase que la Naturaleza ha sido pródiga por habernos regalado más de lo que necesitábamos para sobrevivir.

Pues bien, con estos dos elaboradísimos instrumentos como herramientas, la mente creativa del hombre ha generado el canto, la más primitiva y excelsa forma de hacer música. Para consolidar esta última afirmación baste recordar que la música, tal como hoy la conocemos[8], se inició en la alta Edad Media con el *canto llano* en los monasterios y catedrales; la escritura musical se desarrolló en los siglos XIII y XIV y, finalmente, apareció la polifonía. Pensemos también que los grandes compositores de todos los tiempos incluyeron la voz humana cuando quisieron dar el máximo realce a sus creaciones y pensemos también que el mayor elogio que se puede hacer de un buen instrumento musical es decir de él "lo bien que canta".

No se concibe la existencia de la música si no es para ser escuchada y, en el caso del canto, tan importante es cuidar la emisión de la voz como asegurar que el sonido sea percibido por los oyentes en las mejores condiciones. Este último aspecto es el tema nuclear de este capítulo, en tanto que la emisión de la voz será tratada en los capítulos siguientes.

---

[7]   Este término se refiere al complejo oído-cerebro.

[8]   Es obvio que la música y el canto aparecieron en la prehistoria, pero al no existir grafía musical ni registros sonoros de aquellas remotas épocas, nos remitimos al período que se inicia hacia el año mil de nuestra era, hasta hoy, ya que es entonces cuando se inicia la escritura musical.

III.1 ESTRUCTURA DEL OÍDO

Vimos en el capítulo I que la onda sonora está conformada por una serie de compresiones y expansiones alternativas del aire que se propagan en todas direcciones con velocidad constante; es, por consiguiente, una onda de presión.

El oído humano es un sofisticadísimo sistema capaz de detectar frecuencias acústicas comprendidas en el rango de 20 – 20 000 Hz. Algunos seres, como murciélagos y delfines, son capaces de captar frecuencias por encima de 20 KHz (ultrasonidos) y otros, como elefantes y ballenas, pueden percibir frecuencias por debajo de 20 Hz (infrasonidos). El oído humano es particularmente sofisticado, no en los márgenes de frecuencia ni en los umbrales de audición (donde muchos animales le superan ampliamente) sino en su capacidad para distinguir los timbres[9]. Así pues, el oído humano se comporta como un sofisticado sistema analizador de sonidos. El oído puede detectar sonidos que en su propagación por el aire producen variaciones de presión extremadamente pequeñas, del orden de 20 μPa[10], si se las compara con la presión atmosférica que es del orden de 10^5 Pa. Por otro lado, el rango de presiones correspondientes a sonidos audibles va de 20 μPa a 10^8 μPa. A su vez, el campo de intensidades de los sonidos audibles se extiende a más de 10^{12} unidades, es decir, la intensidad del sonido más intenso que el oído puede percibir (10^{-4} w.cm^{-2}) es un billón de veces mayor que la de un sonido apenas audible (10^{-16} w.cm^{-2}). Esto equivale a un intervalo 1000 veces superior al rango de intensidades luminosas que el ojo puede ver. Como analogía mecánica de esta capacidad, se podría comparar al oído con una balanza con la capacidad de determinar con igual exactitud masas de cuerpos que van desde un cabello a un transatlántico.

Para comprender cómo el oído convierte una excitación puramente física ($\pm\Delta$P) en una sensación, se requiere considerar la estructura de éste. Funcionalmente, el oído consta de tres partes esenciales.

III.1.1 Oído externo

Está constituido por el pabellón de la *oreja*, el *conducto auditivo* o "meato" y la *membrana timpánica*.

La oreja tiene una doble finalidad, por un lado, se comporta como un receptor direccional[11] y por otro tiene una función amplificadora pues, gracias a su

---

[9]　　Vimos en el capítulo II que esta característica responde a la necesidad del ser humano de reconocer a los otros individuos de su especie e intercambiar con ellos sus ideas y emociones.

[10]　　El Pascal es la unidad internacional de presión y equivale a la presión ejercida por la fuerza de 1 Newton aplicada sobre una superficie de 1 m². Se trata de una unidad más bien pequeña. El μPa es la millonésima parte del Pascal.

[11]　　Para convencerse de ello basta con observar los movimientos de las orejas de caballos, liebres, antílopes y, en general, cuantos animales sobreviven gracias a que son capaces de oír el tenue ruido procedente del cercano depredador.

superficie relativamente grande, recoge la máxima cantidad de energía sonora para luego concentrarla a la entrada del conducto auditivo[12]. El pabellón es un órgano cartilaginoso que cumple las funciones de un megáfono. Por su forma está destinado a enfocar y captar las ondas sonoras y desempeña un papel importante en la localización de la fuente sonora. Desde el punto de vista físico, actúa como un embudo sonoro ya que toda la energía que capta mediante la amplia superficie que presenta a la onda sonora la concentra en el canal auditivo con un aumento notable en la intensidad sobre el tímpano.

El conducto auditivo o meato actúa como un resonador de banda ancha, con una frecuencia de resonancia de unos 3 000 Hz. Sus dimensiones medias son 0,7 cm de diámetro por 2,7 cm de longitud. Se comporta como un tubo resonante tapado[13] que resuena con los múltiplos impares de la frecuencia fundamental proporcionando una ganancia de unos 10 dB en la banda de frecuencias comprendida entre 2 y 6 KHz.

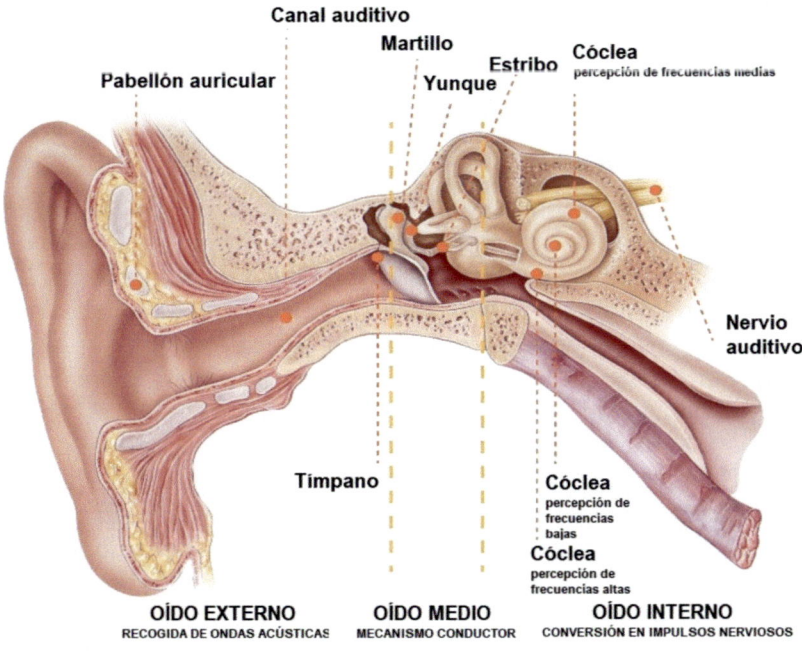

Figura 3.1 Esquema del oído humano.

---

[12]   De nuevo la Naturaleza ilustra este hecho, por ejemplo, en el caso de los murciélagos, cuyas grandes orejas están destinadas a recoger los ultrasonidos que, emitidos por el propio animal, se reflejan en los objetos y permiten a este "ver" mediante su eficaz equipo de *sonar* los objetos circundantes en plena oscuridad.
[13]   Revisar en el capítulo I la Figura 1.5

El tímpano es una membrana aproximadamente circular de unos 8 o 9 mm de diámetro, de 65 a 80 mm² de superficie, 0,1 mm de espesor y 14 mg de masa. Tiene forma cónica, presentando su vértice por debajo del centro, proyectado hacia adentro y unido al *martillo*, que es el primer hueso del oído medio. Establece el límite entre el oído externo y el medio, actuando a modo de una membrana microfónica. Su peculiar propiedad es que se trata de un resonador muy amortiguado, por lo que posee un gran intervalo de resonancia que cubre con eficacia la gama comprendida entre 20 y 20.000 Hz. Separa dos cavidades llenas de aire. La cavidad externa es el canal auditivo y la interna contiene al oído medio. Está conectado con el exterior por la *trompa de Eustaquio*, lo que iguala las presiones a ambos lados de la membrana timpánica y le hace muy sensible a pequeñas variaciones instantáneas de presión sobre una de sus caras.

Desde el punto de vista físico, el tímpano se comporta como un parche que cierra el tubo constituido por el canal auditivo; puede vibrar siguiendo las oscilaciones de la onda sonora que ingresa desde el exterior y trasmite al oído medio sus vibraciones.

III.1.2 Oído medio

Es una cavidad limitada de un lado por el tímpano y por la base de la *cóclea* o *caracol*, por el otro. En su interior hay tres huesecillos (ver la Figura 3.1) que, debido a sus formas, se llaman *martillo, yunque y estribo*. La cabeza del martillo apoya directamente sobre el tímpano y transmite las vibraciones hasta el estribo, a través del yunque. A su vez, el tercer huesecillo se apoya sobre una de las dos membranas que cierran la cavidad de la cóclea.

La cavidad del oído medio se comunica con la laringe por medio del conducto ya mencionado *trompa de Eustaquio*, su finalidad es igualar las presiones a ambos lados del tímpano.

Desde el punto de vista estrictamente físico, la misión del oído medio es convertir las ondas de presión sonoras en vibraciones mecánicas.

Los huesecillos del oído medio están sujetos entre sí por unos diminutos músculos, capaces de modificar su extensión con objeto de disminuir la amplitud de los movimientos si el sonido es intenso. Este fenómeno está controlado por el cerebro y se denomina *reflejo acústico*. Se trata de un efecto "sordina" con el que el oído se protege de los sonidos excesivamente intensos, evitando así posibles daños en el delicado oído interno. El reflejo acústico tarda del orden de medio segundo en entrar en acción por lo que, realmente, se está en indefensión ante sonidos violentos e inesperados, tales como disparos, explosiones, etc.

III.1.3 Oído interno

Se trata de la parte estructuralmente más compleja, pues consta de tres elementos: los *canales semicirculares,* el *vestíbulo* y la *cóclea.*

El oído interno es una cavidad hermética cuyo interior está anegado por un líquido denominado *linfa.* Los canales semicirculares no tienen relación directa con el sentido de la audición y su función tiene que ver con el sentido del equilibrio. Por motivos obvios, no serán objeto de atención en esta obra.

El vestíbulo es la parte interior ensanchada de la cóclea (Fig. 3.2), posee dos orificios que están tapados por sendas membranas; sus nombres son *ventana oval* y *ventana redonda.* La primera está directamente unida a la base del *estribo* y recibe de él sus vibraciones.

La *cóclea* o *caracol* está arrollada en espiral, formando dos y media vueltas, con una longitud de unos 30 mm. Está dividido longitudinalmente por una membrana flexible, llamada *membrana basilar,* sobre la que se asientan los filamentos terminales del *nervio auditivo,* en número de unos 26.000. A su vez, existe una segunda membrana, también longitudinal, llamada *membrana de Reissner.* Ambas membranas dividen el volumen interno de la cóclea en tres segmentos paralelos, los cuales están llenos del fluido linfático.

La cóclea tiene una sección variable, de unos 4 mm^2 en el lado basal y de 1 mm^2 en el apical. La cavidad mayor es el *canal vestibular,* con un volumen de unos 54 mm^3 y está separada por la *membrana de Reissner* de otra cavidad más pequeña y de unos 7 mm^3 que constituye el *canal coclear.* Este, a su vez, está separado por la *membrana basilar* de una tercera cavidad de aproximadamente 37 mm^3 denominada *canal timpánico* (Fig. 3.2).

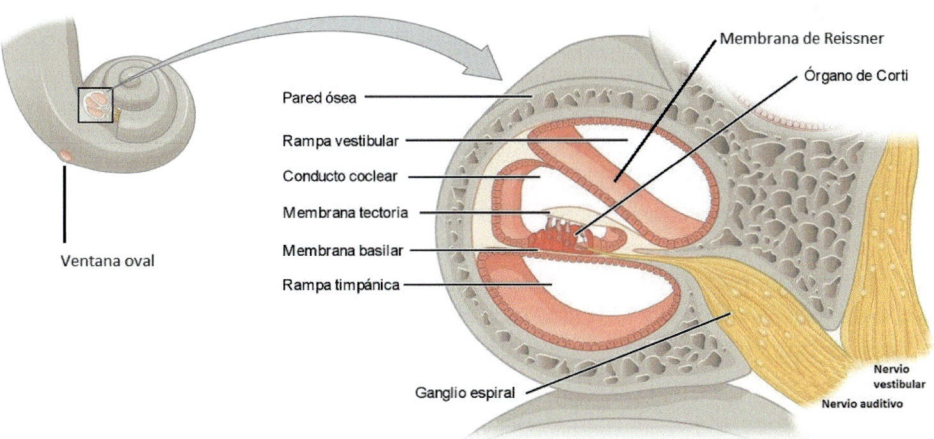

Figura 3.2 Corte transversal esquemático de la cóclea mostrando el Órgano de Corti.

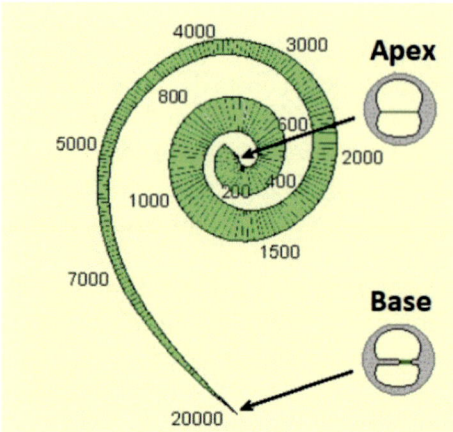

Figura 3.3 Esquema de la membrana basilar.

El *canal medio* (también llamado *coclear*) contiene la *endolinfa*, un líquido viscoso cuya finalidad primordial es la protección de los delicados terminales neuronales. El conjunto formado por la membrana basilar y los terminales nerviosos, se denomina *órgano de Corti*. Este complejo constituye el "corazón" del oído, siendo su función el convertir las vibraciones mecánicas en corrientes nerviosas.

Consideremos ahora más en detalle a la *membrana basilar*. Es importante destacar que sus 38 mm de longitud se encuentran tendidos entre dos apoyos óseos laterales que corren a lo largo de su longitud. En contra de lo que la intuición invita a pensar, la membrana basilar es más estrecha en su extremo basal que en el apical (Figura 3.3), gracias a ello, cada uno de sus tramos es capaz de resonar con unas determinadas frecuencias. Las frecuencias más altas resuenan en la parte basal y las más bajas en el extremo apical.

Esta estructura y su funcionamiento, combinados con el cerebro, conforman el extraordinario analizador de sonidos que es el oído humano.

III.2 FUNCIONAMIENTO DEL OÍDO

Según hemos visto en los puntos anteriores, cuando la onda acústica llega al pabellón auricular este recoge la máxima energía vibratoria y la concentra en el *canal auditivo* lugar que, por sus dimensiones, provoca la resonancia en un amplio rango de frecuencias entre 2 y 6 KHz amplificando en unos 10 dB la intensidad de la señal. Las vibraciones del aire en su interior ponen en vibración el tímpano; al ser este un resonador amortiguado de banda muy ancha, le es posible vibrar acoplado a frecuencias que van desde 20 hasta 16 000 Hz[14].

Las vibraciones del tímpano se transmiten mecánicamente al *martillo*, dado que sus apófisis están adheridas a la membrana timpánica, y se transmiten por medio del *yunque* al *estribo*[15]. Al estar este último adherido a la membrana que cierra la *ventana oval*, las vibraciones llegan hasta el interior de la cóclea y allí son

---

[14]   Muchos autores estiman un umbral de audición de hasta 20 000 Hz.

[15]   Ciertamente, se aprecia aquí la perfección a la que la evolución natural ha llegado en el diseño de nuestro oído. La existencia de -no uno- sino tres huesecillos unidos por minúsculos ligamentos, posibilita la adaptación automática de la respuesta a sonidos debilísimos y a otros cuya intensidad física puede ser un billón de veces mayor.

transformadas en impulsos nerviosos que llegarán a través del *nervio auditivo* al cerebro, donde se generará la sensación auditiva.

Nos interesa ahora conocer con detalle el proceso de conversión de las vibraciones mecánicas en estímulos nerviosos. Se debe a Georg Von Békésy, Premio Nobel de Medicina en 1961, la explicación teórica del funcionamiento de la cóclea. Esta se conoce como *Teoría de la Localización*[16] (el lector descubrirá por sí mismo las razones de esta denominación).

Al empujar el *estribo* la membrana de la *ventana oval* se produce una sobrepresión en la parte superior del caracol que obliga a circular el fluido linfático hacia la cavidad inferior a través del *helicotrema*, este movimiento es posible gracias a la elasticidad de la membrana que cierra la *ventana redonda*, según muestra la Figura 3.4. Por tanto, cuando una onda acústica alcanza al oído, la linfa circula en una dirección y en otra, alternativa y periódicamente, gracias a la elasticidad de las membranas que cierran las ventanas oval y redonda.

En resumen, si el estribo se mueve sinusoidalmente de izquierda a derecha con una frecuencia *f*, el líquido linfático circulará por los canales vestibular y timpánico según se indica en la figura 3.4. El efecto producido por las idas y venidas del líquido es la aparición de una onda de resonancia en la membrana basilar que se desplaza de izquierda a derecha, según muestra la Figura 3.5.

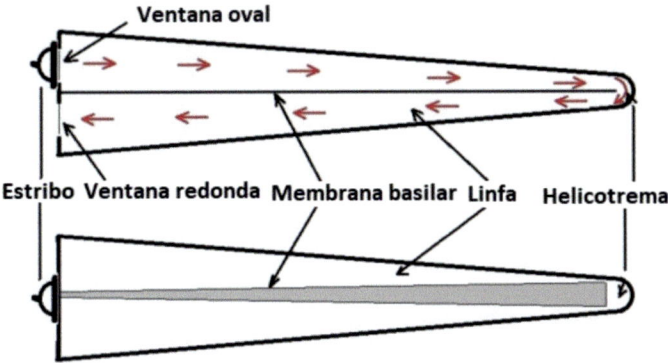

Figura 3.4 Esquema de perfil y de alzado de la cóclea desenrollada, mostrando la dinámica de su funcionamiento.

Debido a la geometría y textura de la membrana basilar, la perturbación viaja desde la base hacia el helicotrema, aumentando su amplitud a medida que avanza. Esa amplitud se hace máxima en el punto **P** y decae rápidamente a partir de ahí. Ese punto resuena selectivamente con la frecuencia *f*, y no con otras.

El resultado neto es que las oscilaciones causadas por un sonido agudo tienen su pico a la izquierda de la figura 3.5 y tanto más a la izquierda cuanto más alta sea

---

16   BÉKÉSY, G (1960) *Experiments in hearing.* Acoustical Society of America.

su frecuencia. Muy al contrario, los sonidos graves tienen su pico de excitación en la zona apical, tanto más a la derecha cuanto más baja sea su frecuencia[17]. Así pues, la membrana basilar se comporta como un analizador de frecuencias ya que cada una de sus zonas resuena selectivamente con una frecuencia determinada, según expresa la Figura 3.6.

Las sacudidas de la membrana basilar son la causa de que los cilios de las células sensoriales se vean estimulados por la membrana tectorial (ver la Figura 3.2). Los estímulos nerviosos llegan al centro auditivo del cerebro y este determina en qué punto de la membrana basilar se sitúa el pico de mayor excitación y su amplitud, de la primera determinación detrae la *sensación de tono* y de la segunda la *sensación de intensidad*.

La forma en que el cerebro reconoce el timbre se fundamenta en los procesos que acabamos de describir, si bien el mecanismo es más complicado. Vimos en el capítulo I la diferencia que existe entre sonidos y ruidos. Los sonidos están formados por una frecuencia fundamental o tonal y sus múltiplos o armónicos superiores. Esta descripción es más bien una sublimación de la realidad; muchos sonidos, entre ellos la voz humana, responden a este esquema hasta cierto punto.

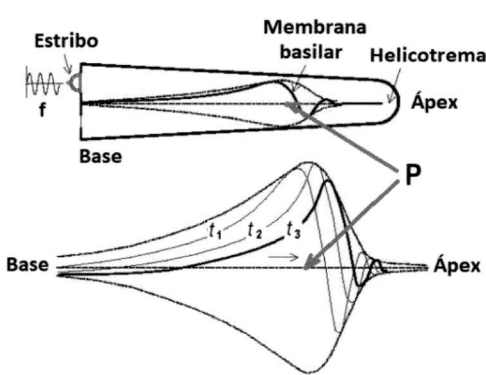

Realmente, a la frecuencia fundamental (o tonal) y sus armónicos superiores se superponen otras muchas frecuencias que no son múltiplos exactos de la fundamental. Incluso, en el espectro acústico de los sonidos más "limpios", emitidos por los instrumentos musicales, se aprecian ciertas desviaciones en las frecuencias superiores respecto de los valores que deberían tener si fueran múltiplos exactos de la frecuencia fundamental. Por ello, los profesionales de la acústica prefieren hablar de "parciales superiores", reservando el nombre de "armónicos superiores" a los múltiplos exactos.

Figura 3.5 (Arriba) Movimiento ondulatorio (muy exagerado) de la membrana basilar al ser excitada por una determinada frecuencia. (Debajo) Secuencia temporal de las oscilaciones de la membrana basilar.

Cuando un sonido tonal llega al oído, la cóclea se ve excitada por todos y cada uno de los parciales que componen el sonido y esta actúa como un eficaz analizador. Cada frecuencia produce un pico de excitación en un lugar determinado de la membrana basilar. Este pico es tanto más pronunciado cuanto más intensa sea

---

[17]   Veremos que esto tiene sus consecuencias en el canto coral en particular y en la música en general.

la frecuencia detectada (Figura 3.6). El cerebro detecta la posición de los picos, y la amplitud de cada uno y, de todo ello, detrae la sensación de timbre.

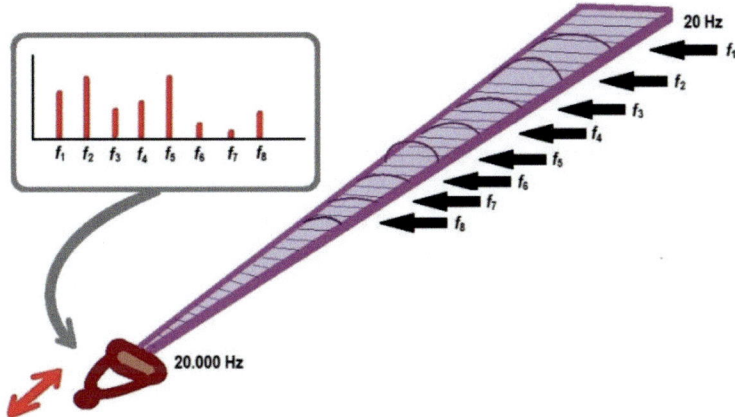

Figura 3.6 Esquema de la excitación de la membrana basilar por un sonido complejo (por razones de simplicidad, se representa la membrana estirada).

Ahora bien, las distintas frecuencias no afectan en igual medida al sistema auditivo. Ciertamente, la banda de frecuencias audibles se extiende desde 20 hasta 20000 Hz, pero la sensibilidad del oído es máxima en la región de 1000– 5000 Hz y decrece a bajas y altas frecuencias, tal y como muestra la figura 3.7. En ella puede verse que el ser humano tiene su máxima sensibilidad acústica en un rango de frecuencias de entre 1 y 5 KHz, frecuencias que, por otro lado, son las más abundantes en la voz humana[18]. La forma de la familia de curvas delata que la máxima sensibilidad del oído humano se sitúa en la vaguada de entre 2 y 4 KHz. Cabe también destacar la forma menos abrupta correspondiente a la banda comprendida entre 100 y 800 Hz. El hecho tiene su lógica si se piensa que nuestro sentido auditivo es el resultado de la evolución natural en una especie como la nuestra, en la que la supervivencia y el éxito se fundamenta en la comunicación hablada entre los individuos del grupo, siendo esta banda de frecuencias la que aglutina el mayor número de sonidos propios del habla.

_____

[18]   Para los lectores menos impuestos en acústica señalaremos que en el eje cartesiano vertical se representan los niveles de intensidad acústica en decibelios y en el eje horizontal frecuencias entre 10 y 10 000 Hz. Las curvas representan los umbrales estadísticos de audición a cada frecuencia. Así, por ejemplo, sobre la curva del 75% podemos ver que tres cuartas partes de la población pueden oír sonidos de 300 Hz siempre que su nivel de intensidad esté por encima de 40 dB y que solo un privilegiado 5% de humanos es capaz de oír esa frecuencia, siempre y cuando su nivel de intensidad esté por encima de 24 dB.

III.2.1 Fenómenos de enmascaramiento

Por *enmascaramiento* se entiende la dificultad de oír un determinado sonido por causa de la presencia de otro. Ciertamente, si nuestro oído se ve afectado por dos sonidos simultáneos, el cerebro es capaz de discriminar entre ambos, si no fuera así, la polifonía y la armonía no tendrían sentido. Ahora bien, todo esto tiene un límite.

Hemos visto en el punto anterior cómo es excitada la membrana basilar por los sonidos complejos. Vimos que un sonido senoidal puro provoca una sacudida que viaja por la membrana basilar hacia el helicotrema, aumentando su amplitud a medida que progresa. Esa amplitud se hace máxima en un determinado punto P (ver la figura 3.5) que se encuentra tanto más cerca del helicotrema cuanto más baja sea su frecuencia (vimos que esto es así por causa de la geometría y la textura de la membrana basilar). A su vez, los sonidos agudos tienen su pico de máxima excitación cerca de la base de la cóclea. Dada la forma en la que la membrana basilar es excitada, llegaremos a la conclusión de que los sonidos agudos afectan solo al tramo inicial y, muy al contrario, los sonidos graves afectan a la totalidad de la

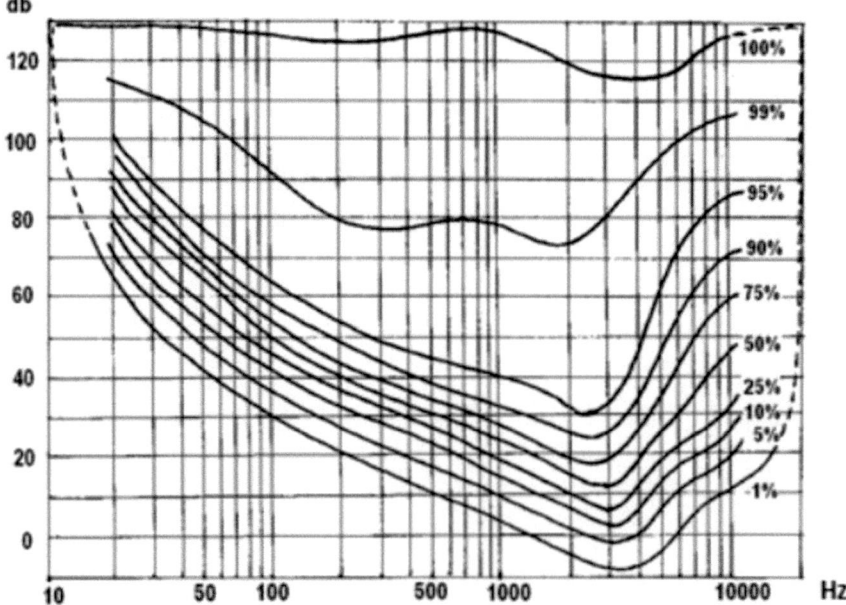

Figura 3.7 Curvas representativas de los umbrales de audición para una extensa población a distintas frecuencias. Los valores porcentuales indican el tanto por ciento de población cuyos umbrales están por debajo de la curva. Salta a la vista que la máxima sensibilidad de nuestro oído se sitúa en la banda 1000-5000 Hz. Por debajo de 20 Hz y por encima de 20.000 Hz somos completamente sordos.

membrana en mayor o menor medida. Es un hecho comprobado que un sonido intenso de altura grave puede enmascarar un sonido débil de altura aguda pero nunca, al contrario.

Se comprende, a la vista de lo expuesto que, si el punto de máxima excitación de la membrana basilar para tonos de baja frecuencia está en el extremo apical de la cóclea, mientras que para tonos de alta frecuencia se sitúa en su extremo basal, la onda excitada por un tono de alta frecuencia nunca alcanzará el punto de máxima excitación de un tono de baja frecuencia. Por el contrario, para llegar a su punto receptor, las ondas producidas por tonos de baja frecuencia han de pasar forzosamente por los puntos receptores de los tonos de frecuencias superiores. Cabe esperar que la excitación de la membrana basilar en estos puntos pueda interferir con la percepción de tonos de alta frecuencia, esto es precisamente lo que sucede si el tono de baja frecuencia es lo suficientemente intenso. Veremos en el punto III.3.1 que el enmascaramiento puede afectar a la percepción del tono y veremos en el capítulo V que esto tiene su importancia a la hora de distribuir los instrumentos en una formación orquestal o los cantores en un coro.

III.3 MECANISMOS PSÍQUICOS DE LA AUDICIÓN

En los dos apartados anteriores hemos visto cómo es y cómo funciona el oído. Estamos, pues, en condiciones de comprender cómo las ondas de presión acústica son convertidas en impulsos nerviosos. Ahora, en este apartado, conoceremos los procesos mentales por los que el cerebro detrae de los impulsos nerviosos las sensaciones auditivas.

III.3.1 Percepción del tono

Existen dos teorías que explican cómo y porqué percibimos el tono o altura de los sonidos. Una de ellas, conocida como *Teoría de la periodicidad*, propone que cuando el complejo psicoacústico recibe con regularidad una sucesión de pulsos acústicos detrae de ellos una sensación de tono cuya frecuencia se corresponde con la frecuencia con que se suceden los estímulos. Parece evidente que, desde este punto de vista, la creación de la sensación de tono corre a cargo del cerebro con exclusividad. Este actúa como un mero contador de pulsos. En este caso, el oído se limita a ser un mero captador de impulsos, sin intervenir en el análisis de la naturaleza y composición espectral de cada pulso[19].

---

[19]   Desde el inicio de la revolución industrial del s. XIX hasta bien entrado el s. XX era muy frecuente en las ciudades el sonido de las sirenas que señalaban la entrada y salida de los trabajadores de las factorías. Estos dispositivos tenían una placa circular con orificios regularmente distribuidos en circunferencia. Al girar, abría y cerraba el paso del aire comprimido o vapor que salía por una tobera, emitiendo un sonido tanto más agudo cuanto mayor fuera la velocidad de giro de la placa.

La Teoría de la periodicidad, propugna que el cerebro "cuenta" el número de pulsos recibidos por segundo, pero para hacer la estimación del tono, el cerebro necesita un número mínimo de "muestras". Teóricamente, con sólo dos de ellas es posible medir el período con el que se suceden, pero este es un procedimiento matemático que nada tiene que ver con los mecanismos psíquicos.

La "Teoría de la Periodicidad puede ser resumida en la expresión:

$$(\Delta f).(\Delta t) \geq k$$

Esta expresión recuerda formalmente a la del Principio de Incertidumbre de Heissenberg, uno de los pilares de la Física Cuántica. Por esta razón también se la conoce como "Ley de la Incertidumbre Acústica". En ella se expresa que el producto de la frecuencia f de un sonido tonal por el tiempo de su duración t no puede ser menor que una cierta cantidad, si se quiere percibir sensación tonal. Dicho producto es obviamente un número determinado de pulsos de onda; precisamente, es el número mínimo de pulsos que necesita el cerebro para identificar de qué frecuencia se trata, es decir, la altura del tono.

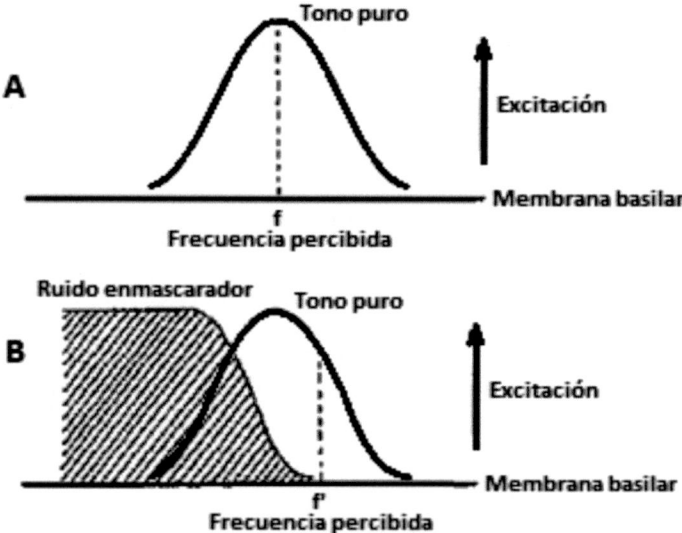

Figura 3.8 Efecto del ruido enmascarador en la percepción del tono. La zona basilar afectada por el ruido fuerza al cerebro a identificar el punto de máxima excitación tonal por encima del que realmente es. (Imagen tomada de MERINO, J.M. (1998) "Complexity of pitch and timbre concepts".*Jour. Phys. Ed.*, 33, 2).

La otra explicación, conocida como *teoría de la localización* es la elaborada por Georges Von Békésy, la cual ha sido tratada en el punto III.2. Esta teoría permite explicar además la sensación de timbre (revisar el punto III.2) por lo que resulta más completa. No obstante, hay razones prácticas que avalan la veracidad de una y otra, de forma que lo más acertado es asumir que los mecanismos cerebrales de percepción acústica participan de ambas formas de actuación.

Según expresa la figura 3.5, la estimulación de la membrana basilar es acampanada, existiendo un punto de máxima excitación. Así pues, el cerebro identifica el pico de máxima excitación, extrayendo de este modo la sensación puntual de tono.

La figura 3.8 muestra el comportamiento del cerebro cuando un ruido enmascarador se superpone a una parte de la sección de la membrana basilar afectada por un sonido de frecuencia f. En esas condiciones el cerebro se ve forzado a determinar el punto de máxima excitación en el área no afectada por el ruido de manera que la sensación tonal se ve desplazada[20].

Puede comprobarse experimentalmente que si se presentan alternativamente un tono puro de 1000 Hz y ese mismo tono parcialmente enmascarado por un ruido de banda ancha de hasta 900 Hz. (fig. 3.8) el tono parcialmente enmascarado por el ruido se eleva[21].

III.3.2 Percepción del timbre

La Teoría de la Localización explica que la percepción del timbre tiene lugar merced a complejos mecanismos que el cerebro realiza a partir de los estímulos procedentes de las neuronas afectadas en el órgano de Corti por los diferentes armónicos de un sonido complejo (figura 3.6). Ahora bien, la cosa es aún más compleja ya que el reconocimiento que hacemos de la voz de un individuo o de un instrumento musical se fundamenta no solo en la composición espectral del sonido sino también de la evolución temporal de ese espectro desde su emisión hasta su extinción y también de la envolvente de la intensidad.

Una forma espectacular de demostrar este efecto consiste en lo siguiente[22]: Con ayuda de un ordenador equipado con software de edición de sonido, se obtiene un archivo de audio (a) a partir de la interpretación de una partitura conocida, hecha por un pianista. En segundo lugar, ese mismo piano ha de interpretar la misma partitura, en sentido inverso (es decir, como si la partitura estuviera escrita en una lámina de vidrio y esta se hubiera leído por su cara posterior), a partir de lo cual obtendremos el archivo de audio (b). A continuación, escucharemos primero el archivo (a), en el cual reconoceremos la melodía con la voz del piano. Luego escucharemos el archivo (b) el cual será una sucesión ininteligible de notas en el que no reconoceremos la melodía, aunque, eso sí, reconoceremos la voz del piano y también la armonía vertical.

---

[20]   MERINO, M. (1998) "Complexity of pitch and timbre concepts" *Physics Education*, 33, 2.

[21]   MERINO, M., VERDE, E. y MUÑOZ, L. (2012) *Acústica Musical*. Ed. Universidad de Valladolid.

[22]   HOUTSMA, A., ROSSING, T.D. AND WAGENAARS, W. (1987) *Auditory demonstrations*. Acoustical Society of America.

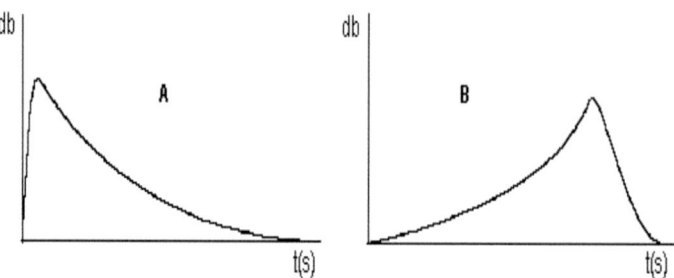

Figura 3.9 Instrumentos como el piano se caracterizan por el ataque abrupto de sus sonidos seguidos de un largo soustain (A). Por el contrario, instrumentos como el armonio tienen sonidos con un ataque suave(B).

Finalmente, al reproducir el archivo (b) en sentido inverso reconoceremos de nuevo la melodía y la armonía vertical pero ahora ¡el piano no suena como piano, sino como un armonio de iglesia! Este sorprendente resultado se debe a que tenemos memorizado el timbre del piano como un sonido que se inicia con un ataque violento, casi instantáneo, al que le sigue un prolongado *soustain* hasta su extinción. Si la secuencia temporal es la inversa, reconoceremos un armonio, porque este instrumento litúrgico ofrece sonidos que se inician con un suave ataque.

Los mecanismos memorísticos de reconocimiento del timbre van aún más lejos[23]. El cerebro tiene almacenada en la memoria una ingente cantidad de registros de timbres, de forma que cuando se oye un sonido se activan los mecanismos psíquicos de reconocimiento, entre los cuales figura la memoria como elemento primordial, como ya se ha dicho. Como comprobación de todo ello, puede hacerse el siguiente experimento: En primer lugar, es preciso escuchar la voz de un instrumento musical, por ejemplo, un fagot que recorre su tesitura de tres octavas. A continuación, oiremos esas tres octavas con sonidos sintéticos, para los cuales se ha tomado como modelo la nota más aguda del fagot. Todas las notas reproducen exactamente la misma composición espectral. Notaremos verdaderas dificultades para reconocer al fagot en la segunda audición, que no encontramos en la primera. Ello se debe a que la composición espectral de los sonidos emitidos por los instrumentos musicales, y no digamos la voz humana, varía a lo largo de su tesitura. Generalmente asumimos que el timbre de un instrumento que interpreta una escala, es el mismo en todas las notas, y que lo único que varía es la frecuencia fundamental y las de sus armónicos superiores. Pero esto no es así, en realidad, cada nota de un mismo instrumento tiene su propio timbre, distinto al de las restantes. Todas estas variaciones se hallan almacenadas en la memoria y cuando lo que

---

[23]   BREGMAN, A. AND AHAD, P. *Auditory Scene Analysis.* Mc. Gill University.

oímos no concuerda con nuestros datos almacenados, el reconocimiento del sonido da resultados negativos.

III.3.3 Percepción de tonos virtuales[24]

Cuando oímos un concierto interpretado por una orquesta sinfónica escuchamos desde las frecuencias muy graves emitidas por contrabajos, trombones y tubas hasta los más agudos emitidos por los violines y el *píccolo*, pasando por todos los tonos intermedios emitidos por los diferentes instrumentos. El conjunto de todos los sonidos y su secuenciación constituyen el cuerpo acústico de la sinfonía o concierto interpretado. Así, cuando escuchamos una obra que en todo o en parte hemos memorizado con anterioridad, se ponen en marcha los mecanismos psicoacústicos de reconocimiento que nos permiten identificar la obra ya conocida.

Por otro lado, con frecuencia escuchamos música en reproductores que por su pequeño tamaño o su baja potencia no son capaces de reproducir las frecuencias graves. Tal sucede, por ejemplo, cuando paseamos por un parque mientras escuchamos un programa musical mediante una pequeña radio de pilas. Supongamos que en ese programa se está emitiendo algo tan conocido como la "Oda a la alegría" de la Novena Sinfonía de L.V. Beethoven. Ciertamente, los sonidos que reproduce nuestro pequeño aparato no son iguales que el sonido que emiten la orquesta y el coro en la interpretación en vivo de tan majestuosa partitura. Sin embargo, nuestro cerebro reconoce la obra que tan familiar nos resulta, pese a no estar oyendo buena parte de los sonidos que realmente la conforman. En nuestro caso faltan los sonidos graves y, sin embargo, reconocemos la obra, e incluso disfrutamos de la audición.

¿Qué está pasando? Pues, ciertamente, algo extraordinario, y al propio tiempo fascinante: nuestro cerebro, con una velocidad y eficiencia enormes, está recomponiendo el sonido incompleto (falto de frecuencias graves) y generando sensaciones virtuales de tonos graves no reproducidos que, junto a los más agudos, reales, proporcionan la impresión de estar escuchando lo que, realmente, no escuchamos. A este mecanismo psicoacústico, de gran importancia en la Música, se le denomina *percepción del tono virtual*.

En el capítulo I vimos que un sonido tonal es un sonido complejo formado por una frecuencia fundamental f y unas frecuencias accesorias que, *grosso modo*, son múltiplos de esa frecuencia. A lo largo del tiempo, el oído de la especie humana ha ido evolucionando hasta ser lo que hoy es. El mundo acústico en el que el cerebro de nuestros ancestros evolucionó incluía las voces de los congéneres, voces que era preciso detectar con gran precisión ya que de ello dependía con frecuencia la supervivencia. En este estado de cosas, el cerebro de la especie *homo* llegó a un

---

[24]   ZWICKER, E. AND FASTI, H. (1999) *Psychoacoustics: Facts and Models.* Springer-Verlag Eds. New York.

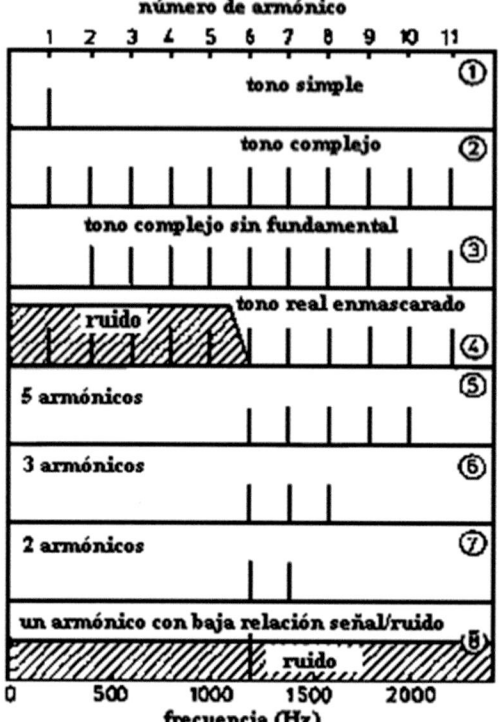

Figura 3.10 Ocho sonidos diferentes en los que el cerebro percibe la misma sensación tonal. En los casos 1 y 2 el tono percibido es real y en los restantes casos es virtual. (Imagen tomada de MERINO, J.M. (2006) *Las Vibraciones de la Música*. Ed. Club Universitario. Granada. P. 295).

grado de sofisticación inusitado, muy superior al de las demás especies animales, en cuanto al reconocimiento del timbre.

No sabemos a ciencia cierta cómo son los mecanismos cerebrales de reconocimiento del timbre, tan solo sabemos que el cerebro es capaz de detectar los puntos de máxima excitación basilar de todos los sonidos simples que componen un sonido complejo (figura 3.6). Por otro lado, sabemos que el valor de la frecuencia fundamental de un sonido complejo es el máximo común divisor de los valores de las frecuencias superiores o armónicos (o, si se prefiere, las frecuencias superiores son múltiplos enteros de la fundamental) y está claro que los mecanismos cerebrales de reconocimiento del timbre nada tienen que ver con este procedimiento matemático.

Por tanto, hemos de aceptar que la conformación de nuestro cerebro trae "de serie" una impresionante habilidad para reconocer tonos complejos, incluso en ausencia de la frecuencia tonal.

La figura 3.10 muestra las habilidades con las que el cerebro detrae sensaciones tonales, incluso en ausencia de la frecuencia fundamental. Veremos en un capítulo posterior la importancia que el tono virtual tiene en la técnica del canto.

III.3.4 Mecanismos de localización acústica

Según hemos visto, el pabellón de la oreja actúa como un captador direccional, así, cuando un foco emite ondas sonoras, nuestros oídos son excitados con diferente intensidad, según sea la posición del foco respecto de nosotros[25]. El cerebro puede tomar conciencia de la posición del foco sonoro en virtud de la desigual estimulación de uno y otro oído.

Cuando un foco acústico no está en frente del oyente, los recorridos de la onda acústica que llega a uno y otro oído son distintos, sucediendo que el mismo estímulo llega antes a un oído que al otro y, en consecuencia, la fase de las vibraciones difiere en ambos oídos, además, dado el carácter direccional de la oreja como elemento captador, la intensidad que recibe un oído es superior a la que recibe el otro. Estas tres diferencias son captadas y procesadas por el cerebro, lo cual le permite identificar la situación del foco acústico[26].

Cuando un espectador sentado en el centro del patio de butacas escucha el concierto de una orquesta o un coro, sus oídos están en todo momento excitados de forma desigual. Tanto la orquesta como el coro son focos sonoros extensos, pero por su disposición habitual, predominan los sonidos agudos procedentes de violines, sopranos y tenores en el lado izquierdo, mientras que en el derecho abundan los sonidos graves de cellos, contrabajos, trombones y barítonos. Esto motiva que las sensaciones obtenidas por uno y otro oído al escuchar, en un momento dado, un *tutti*, son distintas, pudiéndose localizar tan sólo con ayuda de los oídos las posiciones de los distintos grupos de instrumentos y voces, lo que le da al sonido percibido todo su relieve y color.

Precisamente por este motivo, los sistemas de grabación y reproducción estereofónicos convencionales se basan en la obtención de dos grabaciones simultáneas, obtenidas mediante dos micrófonos convenientemente separados que, luego, son reproducidas por los altavoces, dispuestos a izquierda y derecha frente al oyente. Este tiene así una sensación sonora, si no igual, análoga a la del que escucha a la formación en vivo. Si las grabaciones que escucha el oyente procediesen de una misma fuente monoaural, sus oídos percibirían la misma sensación, con lo que se perdería el relieve estereofónico.

---

[25] En muchas especies animales las orejas son móviles, como es el caso de caballos, conejos, cérvidos, etc. y en el caso de los simios, incluida la especie humana, la función de captación direccional se lleva a efecto mediante la movilidad de la cabeza.

[26] HOUTSMA, A., ROSSING, T. AND WAGENAARS, W. (1987) "Binaural effects" *Auditory demonstrations*. Acoustical Society of America.

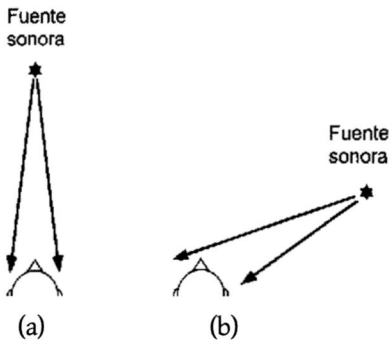

Figura 3.11 Localización binaural de un foco sonoro. Si las señales acústicas en ambos oídos son idénticas, el cerebro localiza la fuente en frente del observador (a). Por el contrario, la localización lateral del foco es tanto más acusada cuanto más dispares sean las señales en uno y otro oído (b). En estas condiciones, un oído oye con más intensidad que el otro, ambos oídos reciben la misma señal a destiempo Δt y la señal que llega al mismo tiempo a ambos oídos presenta un desfase (en la figura, ¾ λ) (c). (Imagen tomada de Merino, J.M. (2006) *Las Vibraciones de la Música*. Ed. Club Universitario. Granada, p.290).

III.3.5 Efecto "reunión"[27]

Este fenómeno psicoacústico tiene su origen en los mecanismos cerebrales de localización. Cuando cuatro contertulios conversan animadamente formando un corro, hablando todos al tiempo (situación demasiado frecuente y que exaspera a muchas personas), es posible entender lo que dice el interlocutor de enfrente, pese a la verborrea de los personajes laterales.

La capacidad de distinguir una voz entre muchas se llama *efecto de reunión*, pudiendo ser muy interesante al presenciar una representación operística o bien para pasar a primer plano los sonidos de los instrumentos o voces de un conjunto de cámara, si tocan cerca del oyente.

Pudiera pensarse que este efecto es sencillamente una cuestión psicológica de atención, pero realmente hay algo más, como demuestra el hecho de que el efecto de reunión se pierde al escuchar por un solo canal de audición (es el caso de las audiciones monoaurales).

---

[27]   Moore, B.C.J. (1997) *An Introduction to the Psychology of hearing*. Academic Press. San Diego.

Supongamos que la persona que habla, a la cual queremos oír está delante de nosotros mientras que las fuentes sonoras que queremos ignorar están dispuestas lateralmente. El sonido emitido por la persona de enfrente, llega a nuestros oídos al mismo tiempo y en fase, lo que da lugar a que sus efectos se sumen y refuercen, cosa que no sucede con los sonidos procedentes de las restantes fuentes.

III.3.6 Efecto de precedencia[28]

Se puede demostrar de forma muy sencilla, mediante un equipo estereofónico que reproduzca una grabación monofónica, de manera que salga el mismo sonido por los dos altavoces. Si el oyente se sitúa en posición equidistante de ambos, percibirá el sonido como si proviniese de un foco sonoro imaginario situado en un punto intermedio entre los dos altavoces. Pero si está colocado de forma que la diferencia de distancias a uno y otro altavoz sea superior a 30 cm., todo el sonido parecerá llegar del altavoz más cercano.

Este efecto se produce siempre en el interior de un automóvil. Si la intensidad de los dos altavoces, generalmente situados en las puertas, es la misma, el conductor escucha sólo el de la izquierda y el copiloto el de la derecha. Uno de los dos puede remediar su situación actuando sobre el mando del balance, aunque, eso sí, desarregla definitivamente a la otra persona y, por si fuera poco, él mismo tampoco quedará satisfecho, pues ahora la voz del locutor le parecerá ensanchada y difusa.

Como vemos, el efecto de precedencia es malo para la estereofonía, si bien es bueno para la vida ordinaria y también para escuchar música en vivo. Cuando se oye a un instrumento o a un cantante en una sala de conciertos, sólo una porción del sonido percibido procede de la fuente sonora mientras que el resto es sonido reflejado en las paredes y en el techo. Este sonido reflejado llega al oído algo más retrasado (en general, unos pocos milisegundos) y se suma a la sonoridad.

Los mecanismos psicofísicos por los que el cerebro interpreta la sensación auditiva, le permiten identificar la posición del foco en la forma que ya se explicó (punto III.3.4), aprovechando para ello el sonido directo. Las ondas sonoras reflejadas, que llegan al oído algo más tarde, sirven para que nos demos cuenta de la distancia a la que se halla el foco. Esto último parece bastante razonable si se tiene en cuenta que, por ejemplo, al escuchar la homilía dominical desde la primera fila de bancos de la iglesia, lo que se oye es el sonido directo de la voz del sacerdote mientras que, desde el último banco, se oye un sonido reverberante e ininteligible compuesto en su práctica totalidad por reflexiones.

Es indiscutible que el efecto de precedencia y los ecos son muy importantes en la audición musical. En general, si una de las dos fuentes de un mismo sonido se retrasa en más de 1 milisegundo, la primera fuente "oculta" a la segunda, por cuanto

---

[28]   BLAUERT, J. (1983) Spatial hearing. MIT Press. Cambridge.

a nuestro sentido de la dirección respecta. Pero si la diferencia de tiempo rebasa los 60 milisegundos, percibiremos un eco (es decir, dos sonidos no simultáneos). Cuando la diferencia de tiempos es inferior al valor anteriormente mencionado, percibiremos el sonido como procedente de la dirección por la que llega el primero y las llegadas posteriores incrementarán su intensidad, dándole una calidad reverberante, imprescindible para todo sonido musical que aspire a ser bueno.

III.3.7 Otros mecanismos cerebrales de la audición

Lejos de ser algo negativo, la subjetividad en las respuestas del sistema psicoacústico ante los estímulos es una prueba de su sofisticación y de su alto grado de eficiencia. Esta subjetividad no es sólo privativa del sentido de la vista (son muchas las ilusiones ópticas conocidas, siendo algunas de ellas verdaderamente populares) sino que también el sentido del oído es capaz de generar no pocas sensaciones ilusorias.

Nuestro sistema oído-cerebro tiende a agrupar de diversas maneras los conjuntos de sonidos presentados como una secuencia compleja. La agrupación de estímulos tiene lugar con arreglo a ciertas reglas basadas en las frecuencias, las amplitudes, en la localización espacial de los emisores e incluso en el timbre. Deutch[29] establece cuatro reglas o mecanismos cerebrales de agrupación de sonidos:

A) **Principio de proximidad.** El cerebro tiende a agrupar preferentemente aquellos sonidos que sean próximos espacial o temporalmente. La proximidad espacial da la razón por la que los instrumentos o cantores de una misma "cuerda" se sitúan juntos, ello no solo facilita que se oigan entre sí para una mejor afinación de todas las voces, sino que, por añadidura, los espectadores reciben los sonidos de cada ejecutante como provenientes de focos próximos. Los mecanismos cerebrales de agrupación proporcionan así la cohesión acústica de todo el grupo, necesaria para que la "cuerda" suene bien. Igualmente, la proximidad temporal de los sonidos motiva la puesta en marcha de los mecanismos cerebrales de agrupación. Cuando se escucha una interpretación musical en un recinto cerrado se oyen, primero, el sonido directo y luego las distintas reflexiones en paredes, suelo y techo. Sucede que todas aquellas reflexiones que llegan con un retardo no superior a 60 ms son agrupadas o "añadidas" por el cerebro al sonido directo, aumentando la intensidad de este, la definición de su tono y su calidad *loudness*. Este fenómeno psicoacústico recibe el nombre de *reverberación* y tiene una importancia capital en la música.

B) **Principio de similaridad.** El sistema psicoacústico tiende a agrupar todos aquellos sonidos simultáneos que sean similares en frecuencia, timbre o intensidad[30]. Esta es la explicación de un curioso fenómeno conocido como

---

[29]   DEUTCH, D. (1982) *The psychology of Music.* Academic Press. London.

[30]   DEUTCH, D. (1995) *Musical Illusions and paradoxes.* Philomel Records, USA.

ilusión de timbre, en la que nuestro cerebro tiende a seguir sonidos sucesivos de timbre similar y distinta altura. Así, si a uno y otro oído se presentan sucesiones rápidas de notas interpretadas aleatoriamente con dos timbres suficientemente dispares, el cerebro tiende a "poner orden" en este caos "especializando" a cada oído en la percepción de un timbre, y sólo uno.

El fenómeno se puede demostrar mediante casco de auriculares estereofónicos. Se presentan a ambos oídos, en primer lugar, series repetitivas de tres notas ascendentes interpretadas con el mismo timbre.

En segundo lugar, se presentan esas mismas series, si bien ahora todas las notas pares suenan con un timbre y las impares con otro bastante diferenciado. El oído derecho tiende a percibir sólo uno de ellos y el izquierdo el otro. De esta forma, parecerá que oímos series descendentes de tres notas con distinto timbre a uno y otro lado de nuestra cabeza.

Figura 3.12 Representación de la ilusión de timbre en notación musical. Los símbolos $x, \overline{x}, +$ representan sonidos de tres timbres diferentes muy dispares.

C) **Principio de la buena continuación.** Según este postulado, el cerebro tiende a agrupar sonidos no simultáneos que la intuición considera secuenciados en una dirección dada. Ese es el caso de la *ilusión de escala*, descrita por Deutch (1995). En ambos casos se pone en juego el recuerdo muy asumido de la escala diatónica, el cual actúa como elemento de agrupación de los sonidos presentados a ambos oídos, aparentemente caóticos.

A los oídos izquierdo y derecho se les presenta alternativamente notas de una escala descendente y ascendente. De nuevo el cerebro "pone orden en el caos" especializando al oído derecho en la percepción de tonos agudos y al izquierdo en los graves. La sensación global es que el oído derecho oye una escala que primero desciende y luego asciende, en tanto que el oído izquierdo oye una escala primero ascendente y luego descendente.

Figura 3.13 Representación de la ilusión de escala en notación musical. En **A** figuran los sonidos presentados a ambos oídos y en **B** las sensaciones percibidas.

D) ***Principio del destino común.*** La mente tiende a agrupar secuencias de sonidos que apuntan a un destino o resolución determinada. En cierto modo, la consistencia de una *coda* o un *obstinato* en una composición musical debe tener su razón de ser en el efecto de agrupación que genera en el cerebro tras su audición repetida. Por igual motivo, las composiciones musicales suelen terminar con acordes consonantes, en la tonalidad inicial.

III.4 CONCLUSIONES

El proceso de la audición corre de cuenta del oído, que amplifica los estímulos acústicos convirtiéndolos en impulsos nerviosos y de los centros cerebrales de la audición que procesan con extrema eficiencia esos impulsos generando la sensación auditiva.

Hemos visto la complejidad estructural del oído, obra de la Naturaleza, cuyo diseño se llevó a efecto mediante la selección natural. También hemos analizado con detalle los mecanismos que permiten la conversión de las ondas acústicas en impulsos nerviosos.

Si bien la anatomía y funcionamiento del oído son materias suficientemente conocidas incluso por la población medianamente instruida, no sucede lo mismo con los mecanismos cerebrales de la audición. Puesto que la importancia de este asunto es crucial en la música, es este el motivo por el que se le dedica buena parte de los contenidos de este capítulo.

Sobre la percepción del tono existen dos explicaciones, la *Teoría de la Periodicidad* y la *Teoría de la Localización*. La primera considera al cerebro como un contador de pulsos o "medidor de frecuencias" que estima la altura de los sonidos según la rapidez con que se suceden los impulsos acústicos. La segunda fundamenta su explicación en el modo en el que la membrana basilar es afectada por las ondas acústicas que sacuden al tímpano. Considera al cerebro como un eficaz dispositivo que detecta qué punto de la membrana basilar es afectado con mayor intensidad, obteniendo así la sensación de tono.

Ahora bien, los hechos experimentales evidencian que el proceso de la audición participa de ambos mecanismos.

El cerebro posee una extraordinaria habilidad para construir la sensación acústica tonal, no solo cuando oye una frecuencia fundamental y sus armónicos superiores, sino también en condiciones más difíciles, como sucede cuando algunas de las frecuencias del sonido complejo están ausentes, incluida la frecuencia fundamental. La sensación tonal percibida en estas condiciones recibe el nombre de *Tono Virtual* y su importancia en la música y en el canto es enorme.

Otras habilidades de nuestro complejo oído-cerebro nos permiten localizar la posición de un foco acústico aún sin verlo. Gracias a la posición de los oídos a ambos lados del cráneo, el sonido procedente de un foco emisor, ladeado respecto de nosotros, llega a uno y otro oído con cierto retardo y variación de fase. Estas minúsculas diferencias son detectadas por el cerebro, permitiendo que seamos conscientes de la situación de ese foco.

Esos mismos mecanismos de la audición binaural son los responsables de que podamos detectar con preferencia el sonido procedente de un foco situado frente a nosotros en un ambiente ruidoso en el que existen otros emisores de sonido situados a ambos lados. A esta habilidad se le conoce como "efecto reunión".

Por otro lado, cuando estamos expuestos a dos focos que emiten un mismo sonido, nuestro sistema psicoacústico tiende a oír preferentemente al que está más próximo y tiende a ignorar al otro. Esto se debe a que el sonido procedente del foco más cercano llega antes que el otro, de forma que el cerebro sólo escucha el primero ignorando al segundo. A este fenómeno se le llama "efecto de precedencia" y tiene su importancia a la hora de disponer los instrumentos en una formación orquestal o coral.

Finalmente, existen otros mecanismos cerebrales estudiados por Deutch (1995) que determinan la forma en que percibimos los sonidos. Por regla general, el cerebro tiende a agrupar aquellos sonidos que procedan de una misma ubicación y que sean similares en su timbre. Este hecho justifica que tanto en las formaciones orquestales como en las corales, las familias de instrumentos o de voces se sitúen juntos ya que de esta manera, el sonido del grupo se ve reforzado en intensidad y mejorado en el timbre.

Nuestro cerebro tiende a agrupar secuencias que apuntan hacia un destino o resolución determinada. Este comportamiento ha sido explotado por los compositores de todas las épocas y estilos al incluir en sus obras un *leit motif* que aparece repetidamente a lo largo de la obra. Esta secuencia, memorizada, actúa en la mente de los oyentes como elemento aglutinador que da soporte y consistencia a toda la composición. Tal es el caso, por ejemplo, de la secuencia:

Perteneciente a la Sinfonía 2, *Lobgesäng,* de F. Mendelssohn, la cual aparece al inicio de la obra, en varios momentos de su desarrollo y al final.

CAPÍTULO IV
LA VOZ HUMANA

De entre todas las especies pertenecientes al reino animal, solo nosotros, los humanos, somos capaces de articular palabras. El habla es nuestro principal medio de comunicación y al propio tiempo, la voz es nuestro más ancestral instrumento musical.

La voz humana y el oído son el resultado de una evolución de millones de años, la cual ha dado como resultado que ambos sistemas, el fonador y el auditivo, estén armoniosamente diseñados y perfectamente coordinados por el cerebro. Así, vimos en el capítulo anterior que la máxima sensibilidad del oído se centra en la banda de 1-5 KHz, el cual es el rango en el que se sitúan las principales resonancias del tracto bucal y las frecuencias propias del habla.

En este capítulo veremos cómo es el órgano fonador y cómo genera las frecuencias de la voz humana, veremos también que las frecuencias definitorias de los fonemas del habla se constituyen en grupos que llamamos *formantes*. Veremos la importancia de ciertas frecuencias presentes en la voz cantada, agrupadas en un *formante del canto*, que proporcionan a la voz intensidad y brillantez. También encontraremos las explicaciones científicas a ciertas reglas que los profesores de canto enseñan a sus pupilos.

IV.1 ESTRUCTURA Y FUNCIONAMIENTO DEL ÓRGANO FONADOR HUMANO[31]

El complejo fonador consta de tres elementos esenciales: un reservorio de aire a presión, unos elementos vibrantes que abren y cierran el paso del aire generando ondas acústicas y unas cavidades resonadoras que modulan esas ondas; estos tres elementos están regulados y coordinados por el cerebro.

Entre otras funciones vitales, como lo es el intercambio gaseoso O_2/CO_2, los pulmones constituyen el reservorio de aire comprimido, necesario para la fonación. La compresión del aire corre de cuenta del músculo diafragmático y los músculos intercostales. En la laringe se encuentran las cuerdas vocales, cuya misión es abrir y cerrar el paso de aire, originando así una onda acústica por procedimiento

---

[31] TORRES, B. (2016) *La voz y nuestro cuerpo: Anatomía Funcional de la Voz.* Univ. Barcelona Eds.

similar al de una sirena. Esa onda ha de atravesar los conductos bucal y nasal, donde esa onda es modulada en frecuencia y amplitud, conformándose finalmente la voz.

Es un hecho innegable que el sonido producido por la laringe humana con fines musicales resulta incomparablemente más expresivo y bello que el de cualquier instrumento, no sólo por su riqueza tímbrica y expresiva sino también por la conjunción de la musicalidad con el habla. Estos dos son los principales motivos por los que puede considerarse la laringe humana como el más perfecto y emotivo de los instrumentos musicales[32], aunque también resulta ser el más delicado y el que más atenciones personales requiere.

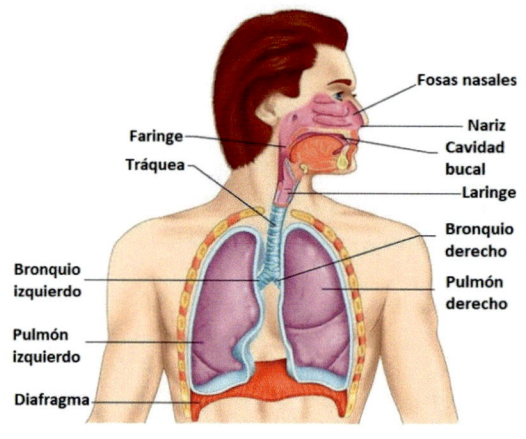

Figura 4.1 Partes esenciales del órgano fonador.

Para su utilización en la música, la voz debe ser cultivada. De esta manera, no sólo aumenta su volumen, sino que se mejora el timbre, se sitúa en su tesitura más conveniente, se amplía su ámbito, se igualan los registros y se robustece y colorea en las notas agudas y graves.

IV.1.1 La caja torácica

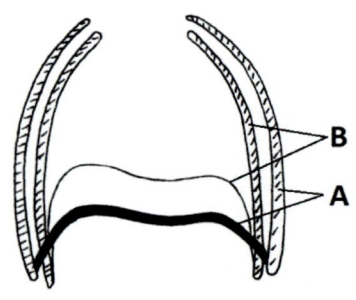

Figura 4.2 Movimientos de la caja torácica en la respiración. **A** Inspiración. **B** Espiración.

Los pulmones, verdaderos recipientes del aire necesario para la fonación, se hallan encerrados en la cavidad delimitada por las costillas y los músculos intercostales, y en su base por el diafragma, músculo abovedado que se inserta en las costillas flotantes y separa el tórax del abdomen.

Los pulmones están contenidos en el saco pleural; la pleura está adherida por su cara interior a los pulmones y por su cara exterior a las costillas y el diafragma. En la inspiración (Figura 4.2) las paredes costales se separan y el diafragma desciende. Los pulmones se

---

[32]   Los músicos que compusieron muchas de las grandes obras mundialmente conocidas, incluyeron la voz humana en los pasajes más excelsos de sus creaciones.

expanden y el aire se ve forzado a entrar en ellos en un proceso similar a cuando se tira del émbolo de una jeringa.

En contra de lo que comúnmente se cree, en la fonación también intervienen los músculos abdominales. Estos tienen forma plana y extensa y se insertan en las costillas inferiores y en los bordes de la pelvis, cerrando y sosteniendo el paquete de vísceras abdominales. En la inspiración, los músculos intercostales se contraen expandiendo las paredes torácicas y el diafragma se contrae provocando el descenso de la base torácica. En esa fase, los músculos abdominales están relajados.

En la fase de espiración el diafragma y los músculos intercostales se relajan al tiempo que los músculos abdominales se contraen. El efecto global es una disminución de la capacidad torácica.

La fonación se produce en la fase de espiración. En este proceso, la glotis cierra el paso del aire con lo que este adquiere la presión necesaria para provocar la vibración de las cuerdas vocales, según veremos más adelante.

IV.1.2 La laringe

Situada en la parte media del cuello, por delante de la faringe, es el órgano en el que se generan las ondas acústicas propias de la fonación.

Puesto que el propósito esencial de esta obra es dar a conocer el órgano fonador humano como instrumento musical, es obligado señalar que la laringe humana es singular en el reino animal. Siendo el chimpancé y hombre dos especies de primates próximas, las diferencias del órgano fonador entre ambas son muy notables (Figura 4.3). La principal diferencia, que hace única a la laringe humana, es el acusado descenso de la confluencia del conducto respiratorio con el digestivo. En la inmensa mayoría de las especies animales, la laringe confluye con la faringe en un punto próximo a las amígdalas, pero en la especie humana esa confluencia tiene lugar mucho más abajo, coincidiendo con el punto medio del cuello. Esta conformación acarrea desventajas funcionales en términos de atragantamientos, que pueden resultar incluso mortales.

Mientras los restantes mamíferos pueden deglutir y respirar sin apenas problemas, el ser humano corre el riesgo de que, fortuitamente, la epiglotis no cierre adecuadamente la vía respiratoria al tragar. La mayoría de estas situaciones tiene consecuencias leves: tos, expulsión del bolo alimenticio y "perdón, se me fue por mal camino". Esto no les pasa a otros animales... y tampoco a los bebés humanos.

Hasta los dos años de edad, el órgano fonador de los humanos es muy parecido al de los simios próximos a nuestra especie. Ese es el motivo principal por el que los bebés pueden respirar al tiempo que tragan la leche, sin soltar el pezón de su madre.

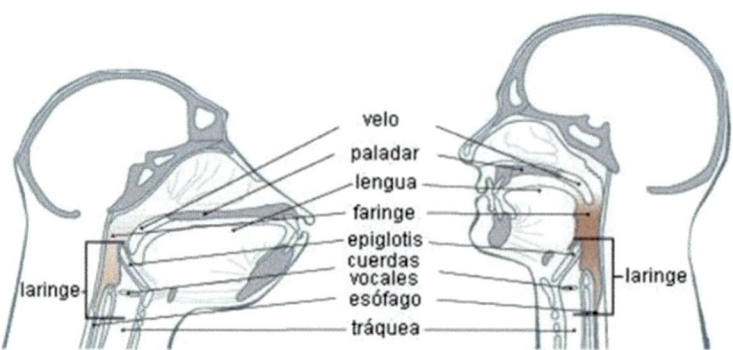

velo
paladar
lengua
faringe
epiglotis
cuerdas
vocales
esófago
tráquea
laringe
laringe

Figura 4.3 Esquema comparativo entre la laringe humana y la de un chimpancé.

¿Por qué motivo la evolución humana diseñó un aparato bucal funcionalmente desventajoso? Hace entre 5 y 7 millones de años los prehomínidos que abandonaban la seguridad de los árboles para frecuentar cada vez más el suelo, se vieron en una encrucijada evolutiva: mantener la forma de vida de hasta entonces en la que bastaba con un escaso repertorio de gruñidos o convertirse en seres colaborativos que transmitieran emociones e ideas a sus congéneres. Y "apostaron" por lo segundo. Ahora bien, esta apuesta tenía un precio. Era preciso adquirir un tracto bucal largo que permitiera la articulación de los sonidos del habla y ello comportaba la desventaja del atragantamiento.

La laringe del adulto humano es una cavidad de compleja estructura formada por cartílagos, ligamentos y músculos cuya función primordial es generar una extensa variedad de sonidos tonales[33] de muy variados timbres y entonaciones. Ello es posible gracias a la elasticidad de los materiales de que se compone. Todo el sistema laríngeo pende del *cartílago hioides*, el cual se halla inserto en la base posterior de la lengua. El hecho de no estar sujeto a una parte inmóvil le proporciona una gran movilidad, necesaria tanto para la deglución como para el habla.

La *membrana tiroidea*, de naturaleza ligamentosa, vincula a los cartílagos *hioides* y *tiroides*, cerrando la cavidad llamada *glotis*, en cuyo interior se encuentran las cuerdas vocales. En la base de la *glotis* se encuentran, en posiciones simétricas, los músculos cricotiroideos, los cuales unen el borde inferior delantero del *cartílago tiroides* con el *cartílago cricoides*, a su vez, el extremo superior de la tráquea se inserta en este segundo cartílago. La contracción de estos músculos provoca un estiramiento de las membranas tiroideas provocando un descenso de las cuerdas vocales y, obviamente, aumentando la longitud vertical de la glotis. Veremos más adelante que este hecho tiene una importancia capital en el canto. Menos el *hiodes*,

---

[33]   Sonidos que dan sensación de tono (Véase el capítulo I).

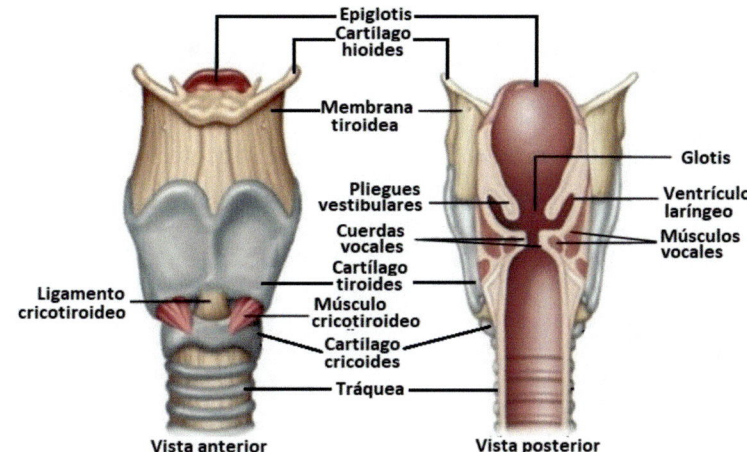

Figura 4.4 Vista esquemática frontal y posterior (corte transversal) de la laringe.

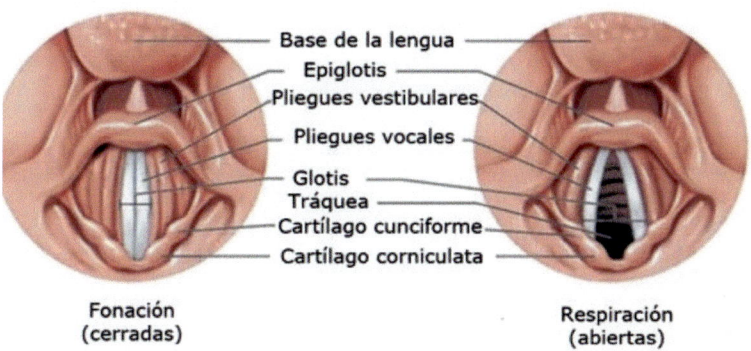

Figura 4.5 Vista superior de la glotis mostrando las cuerdas vocales.

los cartílagos laríngeos son del tipo hialino[34], similares a los que conforman la tráquea y los bronquios y tienden a osificarse con la edad, perdiendo parte de su elasticidad (este es, de hecho, uno de los motivos del envejecimiento de la voz).

En el interior de la cavidad glótica se encuentra los dos cartílagos *aritenoides* los cuales se hallan unidos por su parte inferior al *cricoides* por medio de ligamentos elásticos. Vistos de costado, tienen forma triangular. En su parte superior se insertan las cuerdas vocales, las cuales se hallan tendidas entre los cartílagos *tiroides* y *aritenoides* según puede verse en la figura 4.6.

---

[34] Es un tejido conjuntivo duro que, a diferencia del tejido óseo, no contiene nervios o vasos sanguíneos, y tampoco está calcificado.

Los dos cartílagos *aritenoides* tienen gran movilidad. Su unión elástica al cartílago *cricoides* por debajo y varios músculos transversos les permiten separarse o aproximarse, abriendo o cerrando la separación entre las cuerdas vocales (Figura 4.5).

Además, pueden moverse en dirección anteroposterior, basculando sobre su inserción en el *cricoides*, tensando o destensando así las cuerdas vocales (Figura 4.6).

El funcionamiento de la laringe es extraordinariamente complejo y sus diversas partes, cartílagos y músculos, actúan perfectamente coordinados por los centros del habla cerebrales. La figura 4.6 muestra la disposición de la laringe en la voz hablada y las flechas rojas indican los movimientos que suponen la impostación de la voz en el canto. Al cantar, los *músculos aritenoideos* tiran de los cartílagos *aritenoides* hacia atrás al tiempo que los aproximan. Por otro lado, el cartílago *tiroides* bascula hacia adelante por acción de los músculos *cricotiroideos* que tiran de él hacia abajo y, por su parte, la base muscular de la lengua tira hacia adelante del *hioides*. Como resultado global, las cuerdas vocales son tensadas y aproximadas, adoptando la disposición que vemos en el lado izquierdo de la figura 4.5.

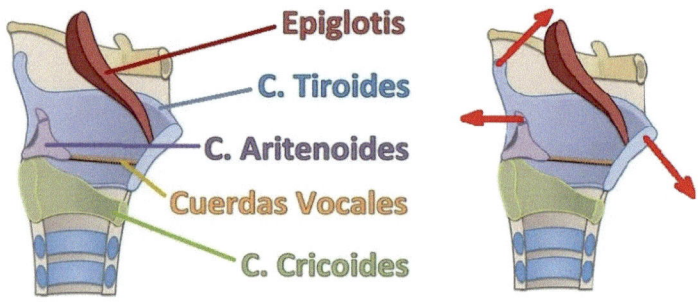

Figura 4.6 Vista lateral de la glotis mostrando su estructura y funcionalidad. Javier Prieto
https://www.vocalcoaching.es/funcion-vocal

Desde el punto de vista físico, la emisión estricta de una nota musical por la laringe, se lleva a efecto a través de un mecanismo análogo al de la producción de sonido cuando un globo de goma se vacía pellizcando su embocadura con ambas manos. En un principio, las paredes de goma están juntas por causa de la tensión, pero si la presión del gas es lo suficientemente alta, éste se abre paso por el conducto de salida, separando para ello las dos láminas de goma. Esto supone un aumento de su tensión, lo que motiva que a continuación se vuelvan a juntar, interrumpiendo el paso de aire, para luego reiniciarse el ciclo. Resulta, pues, que la salida del aire no es continua, sino que el vaciado del globo tiene lugar en pulsos periódicos. Estos pulsos se traducen en sonido por un efecto análogo al de las sirenas. El ritmo con que se suceden puede controlarse a voluntad, modificando con ambas manos la tensión en el cuello del globo.

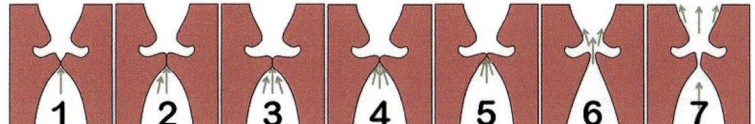

Figura 4.7 Ciclo vibratorio de las cuerdas vocales.

En la laringe las cosas suceden básicamente de esta misma manera, si bien son ahora los pulmones los que actúan como recipientes aéreos y el conjunto de músculos intercostales, diafragmáticos y pectorales los que proporcionan al aire la presión adecuada (Figura 4.7). Estudios realizados en este sentido revelan que para una conversación normal se requiere una presión del aire de 7,3 mm de mercurio, que ésta debe ser de unos 37 mm si se trata de un esfuerzo oratorio, pudiendo llegar a 110 mm en el canto. Esto supone un esfuerzo muscular muy considerable, lo que explica que algunos divos pierdan por este u otros motivos hasta tres kilogramos de masa corporal en una sola representación.

Las cuerdas vocales son dos repliegues paralelos que se insertan en un mismo punto del cartílago *tiroides* y por su otro extremo se inserta cada una en un cartílago *aritenoides*. La movilidad de estos cartílagos es motivo de que las cuerdas vocales puedan juntarse o separarse (Figura 4.5) así como tensarse y destensarse (Figura

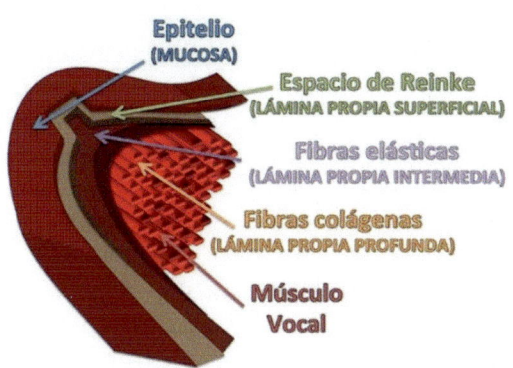

Figura 4.8 Corte transversal de una cuerda vocal.

4.6). Lejos de ser elementos pasivos, las cuerdas vocales tienen una estructura muscular interna que las permite variar su grosor (Figura 4.8), lo cual es muy importante a la hora de emitir el canto con voz de *pecho* o de *falsete*. El *músculo vocal* está cubierto por una capa de fibras colágenas elásticas sobre la cual hay otra capa de células epiteliales, secretoras de un moco que mantiene la humedad y protege toda la estructura.

Si se analiza el espectro acústico de la voz y se aprecia la enorme variedad de frecuencias contenidas en cualquier sonido, podemos hacernos una idea del enorme esfuerzo que hacen en la fonación las cuerdas vocales. No es extraño, pues, que la mayoría de los problemas laríngeos de cantantes, profesores, locutores y todas las restantes profesiones basadas en el uso de la voz, corran de cuenta de las cuerdas vocales.

IV.1.3 Resonadores

El sonido emitido por las cuerdas vocales es extraordinariamente rico en armónicos, mucho más que cualquier otro instrumento musical. En él hay frecuencias múltiplos de la tonal y otras muchas que no lo son. En su conjunto, es un sonido chicharreante, realmente feo y muy parecido al del *pito de carnaval* o *kazoo*[35]. Diríase que el sonido que emerge de las cuerdas vocales es un diamante en bruto y que los resonadores del tracto vocal son el maestro tallador capaz de convertir ese diamante en una valiosísima gema.

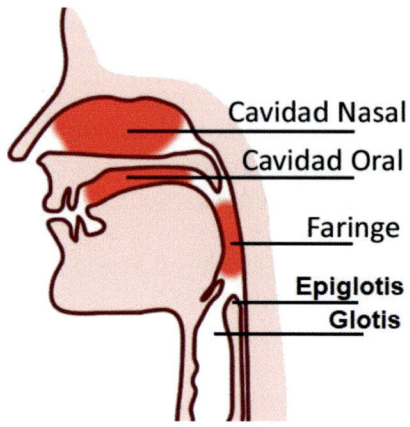

Figura 4.9 Cavidades resonadoras del aparato fonador.

Las cavidades resonantes son tres (Figura 4.9). La *faringe* es el tramo ascendente que sigue a la laringe. Cuando la epiglotis abre la vía respiratoria para el acto de la fonación, la faringe suma su longitud a la *cavidad oral*, de forma que se consigue una longitud media, de la glotis a los labios, de 18 cm en los hombres y 16 cm en las mujeres. Esta longitud, proporcionalmente más larga que en las restantes especies animales, permite que el tracto vocal humano sea un eficaz resonador en la banda de frecuencias propias del habla, entre 1 y 5 KHz. Por otro lado, la gran elasticidad de estas estructuras y la compleja estructura muscular que las mueve permite que el conducto se alargue y se acorte, que se estreche en ciertas zonas y se ensanche en otras con impresionante velocidad y eficiencia, gracias a la coordinación del centro del habla cerebral.

Singular importancia tiene también la *cavidad nasal*. Esta, si bien apenas tiene movilidad (a excepción del velo del paladar), contribuye en gran medida al habla, especialmente en la articulación de sonidos nasales como es el caso de la consonante "n" y, dado que el canto aglutina música y habla, también en el canto su importancia es esencial, particularmente en aquellos pasajes corales en los que los cantores hacen un acompañamiento con sonido nasal.

---

[35] Instrumento inventado el s. XIX en EEUU que permite convertir el canto en música informal y divertida. Es habitual en las chirigotas de Cádiz y en los espectáculos del grupo musical humorístico argentino Les Luthiers.

IV.2 PROPIEDADES ACÚSTICAS DEL ÓRGANO FONADOR

En este punto veremos cómo a partir del sonido procedente de la vibración de las cuerdas vocales[36] llega a emerger la voz con toda su belleza y expresividad.

Como primera aproximación, diremos que la voz, tal como se nos muestra, es el resultado de la participación decisiva de las cavidades resonantes de dos maneras: a) por un efecto sustractivo, atenuando determinados parciales y b) por un efecto multiplicativo, reforzando por resonancia ciertas frecuencias. Resulta así, que los sonidos procedentes de la glotis, que contienen toda clase de frecuencias, son enriquecidos en unas y empobrecidos en otras, de modo que el resultado contiene, con independencia de la frecuencia que corresponde al tono musical, otras frecuencias denominadas *formantes*, que son características de la vocalización que se ejecuta en el momento. Las frecuencias correspondientes al tono y las propias de los formantes vocales, son independientes entre sí, lo que permite al cantante asociar, más o menos fácilmente, cualquier vocal a cualquier nota.

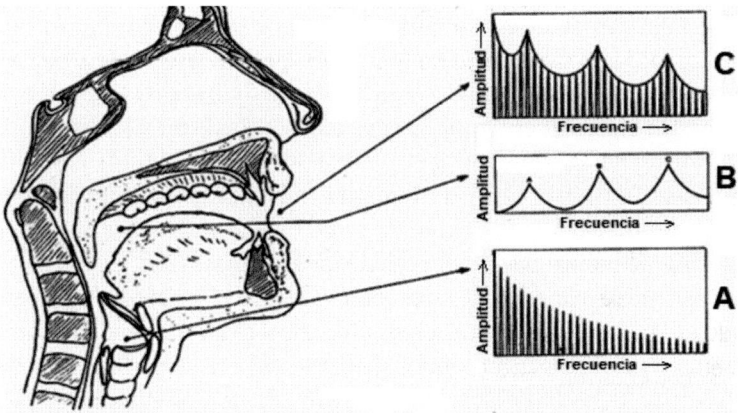

Figura 4.10 Efecto modulador de los resonadores sobre la onda compleja originada en la glotis.

La figura 4.10 esquematiza el proceso. En su lado derecho, de abajo a arriba, se representa la onda acústica emergente de la *glotis*. En el medio se representan los picos de resonancia y las vaguadas de atenuación propios del tracto vocal y en el cuadro superior se representa la onda acústica modulada[37], es decir, la voz. Los

---

[36] Quien quiera hacerse una idea de cómo es ese sonido, que recuerde la voz de una persona que haya sufrido una extirpación parcial de la laringe. Cuesta creer que las cuerdas vocales de María Callas o de Alfredo Kraus sonaran así.

[37] En física, se llama modulación de amplitud a la superposición de una onda de baja frecuencia sobre otra de frecuencia más alta. El resultado es una onda de alta frecuencia cuya amplitud varía según sea la forma de la onda modulante de baja frecuencia.

grupos de frecuencias amplificadas o atenuadas reciben el nombre de *formantes*. Estos formantes son característicos de cada fonema[38].

Pues bien, lo extraordinario del sistema fonador es que, merced a su extraordinaria movilidad, los resonadores son capaces de variar la amplitud de los formantes, así como desplazar estos hacia arriba o hacia abajo. En el idioma español, con tan solo cinco fonemas, la cosa ya se nos antoja complicada, pero hemos de tener en cuenta otras lenguas como el inglés, el francés o el alemán con sus más de diez fonemas cada uno y nos daremos cuenta de la versatilidad y la eficiencia de nuestro órgano fonador.

IV.2.1 El tracto vocal como resonador

No cabe la menor duda de que los formantes son lo más importante de la voz, considerada desde el punto de vista musical. A su vez, las frecuencias de éstos, dependen de la forma de conducto bucal. Si tenemos en cuenta que un tubo de órgano que emita un LA_3 de 220 Hz habría de tener una longitud de 77,3 cm si fuese abierto y de 38,6 cm si fuera cerrado, se deduce que el conducto bucal de un barítono, de aproximadamente 17,5 cm, que cantase esa misma nota no puede funcionar como un tubo de órgano. Está claro que la frecuencia base de la nota es proporcionada exclusivamente por las cuerdas vocales[39], no siendo amplificada por los resonadores bucales, pues no tienen dimensiones suficientes para ello. Resulta obligado pensar en cambio, que las cavidades resonantes del aparato fonador están llamadas a amplificar otras frecuencias de orden más superior, siendo estas frecuencias precisamente los formantes de los fonemas.

De conformidad con los estudios de J. Sundberg[40], parece bastante acertado afirmar que el tracto vocal se comporta en primera aproximación como un tubo resonante cerrado, correspondiendo su zona abierta, (oscilaciones de máxima amplitud), con la base de la laringe y su lado cerrado (oscilaciones de amplitud mínima) con los bordes de los labios (revisar la Figura 1.5 del Capítulo I). Aceptando así los hechos, cabe esperar que las cuatro primeras resonancias se den a frecuencias próximas a 500, 1.500, 2.500 y 3.500 Hz, las cuales corresponden a los formantes más habituales observados en los análisis espectrales de muchas voces.

Teniendo en cuenta que la tesitura de los barítonos se halla en el rango 80-330 Hz y la de los tenores entre 130 y 400 Hz parece evidente que los resonadores no pueden amplificar las frecuencias tonales en el canto masculino. No así sucede con el canto femenino, cuyas tesituras 220-650 Hz y 330-1000 Hz para contraltos y sopranos respectivamente, caen en parte dentro del rango de amplificación de los resonadores. Este hecho es decisivo en el canto femenino.

---

[38]   Heredero del latín, el idioma español utiliza tan solo los cinco fonemas *a, e, i o, u.*
[39]   Recordemos la Teoría de la Periodicidad, expuesta en el punto III.3.1 y comprenderemos porqué las cosas son así.
[40]   Sundberg, J. (1977) "The Acoustics of Singing Voice," *Sci. Am.* 236(3):82

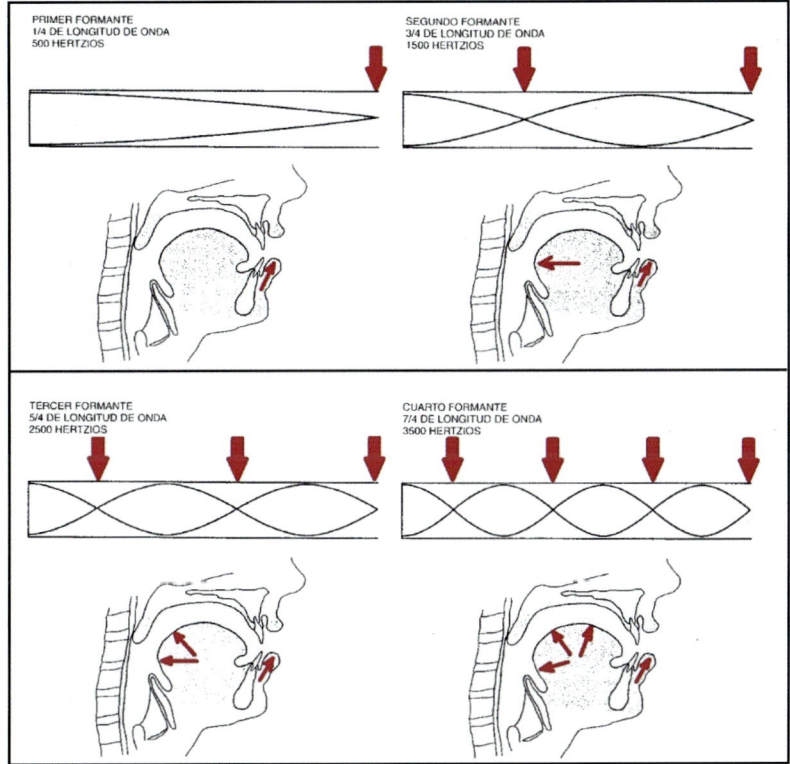

Figura 4.11 Esquema representativo del tracto vocal como un tubo resonante tapado, mostrando los puntos de máxima y mínima vibración (en rojo los nodos) para los cuatro primeros formantes, correspondientes a los parciales primero, tercero, quinto y séptimo.

La movilidad de las paredes del tracto vocal puede desplazar las frecuencias de los formantes. La experimentación ha revelado que si se aumenta la sección del conducto en una zona donde la onda estacionaria de un formante presenta un *nodo*[41], se rebaja la frecuencia del formante y viceversa, si se estrecha la sección del conducto en ese mismo punto, la frecuencia del formante se incrementa. Justamente al revés sucede al actuar sobre un *vientre*, si se ensancha el conducto en esa zona la frecuencia del formante se eleva y si la sección se estrecha, la frecuencia desciende.

---

[41]   Recordemos del Capítulo I que los nodos son las zonas de una onda estacionaria en las que las vibraciones son mínimas o nulas y que los vientres son las zonas de máxima vibración en una onda estacionaria.

En la figura 4.12 se esquematiza el efecto que tienen los cambios de la sección transversal de un tubo resonador tapado para el tercer parcial de resonancia[42]. Dado que el tracto vocal se comporta como un resonador tapado (ver la fig. 4.11), el tercer parcial de resonancia coincide con el segundo formante. En los casos A y B se produce una disminución de la frecuencia de resonancia, esto es, el formante se desplaza hacia frecuencias bajas. Por el contrario, en los casos C y D el formante se desplaza hacia frecuencias superiores.

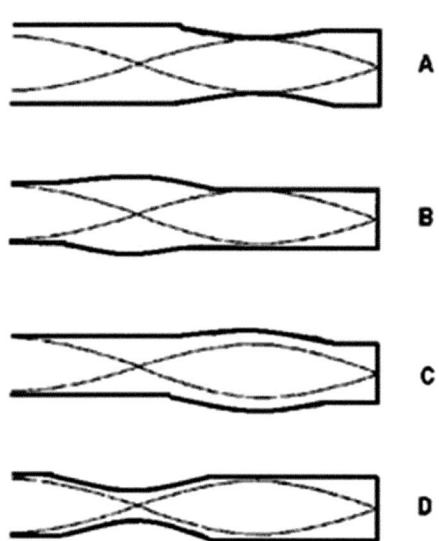

En base a todo ello, de alguna manera puede decirse que al hablar o cantar "masticamos" nuestra propia voz, es decir, las elevaciones y descensos de la glotis alargan y acortan la longitud del tracto vocal, el paladar blando se eleva, desciende e incluso vibra. Por su parte, la lengua es una masa muscular de extrema y rápida movilidad: se arquea hacia delante o hacia atrás, adopta forma plana, se apoya en los dientes o sobre el paladar anterior, etc., en cuanto a la mandíbula inferior y los labios también contribuyen con sus movimientos a la articulación de muchos de los sonidos propios del habla.

Figura 4.12 Desplazamiento de las frecuencias de resonancia por modificación de la sección. En **A** y **B** hay descenso de la frecuencia y en **C** y **D** elevación.

IV.2.2 El tracto vocal como filtro de frecuencias

Hemos de añadir a todas estas cuestiones un hecho físico añadido que tiene gran importancia en la ciencia del canto. Se trata del efecto que tienen los ensanchamientos y los orificios en los tubos que conducen ondas acústicas por su interior.

---

[42]   Fletcher, N. (1998) *The Physics of Musical Instruments.* Springer-Verlag. Second Ed. New York.

La presencia de ensanchamientos en los tubos conductores de ondas acústicas, actúan como filtros que dejan pasar las frecuencias bajas con preferencia a las altas. A un tubo con ensanches se le llama *filtro pasabajos.* La figura 4.13 presenta el comportamiento de un tubo y se le compara con el tracto vocal humano al articular el fonema /o/. La gráfica inferior muestra el nivel de intensidad de las distintas frecuencias que salen del tubo al introducir por su otro extremo un ruido que contiene todas las frecuencias con igual nivel de intensidad[43].

Este efecto es el que se usa en los silenciadores de los vehículos a motor. El sonido que emerge de los pistones es explosivo y contiene muchas frecuencias en la banda 1-5 KHz que resultan agresivos. Por ello se instala el silenciador, un tubo con ensanches que atenúa las altas frecuencias dejando pasar tan solo las bajas, mucho menos desagradables.

En el caso del tubo fonador humano, la impostación de la lengua y la mandíbula, representado en la figura 4.13, para articular la vocal /o/ no es sino la puesta en práctica de un filtro pasa-bajos cuyo resultado es un oscurecimiento de la voz, característico de los formantes de la mencionada vocal.

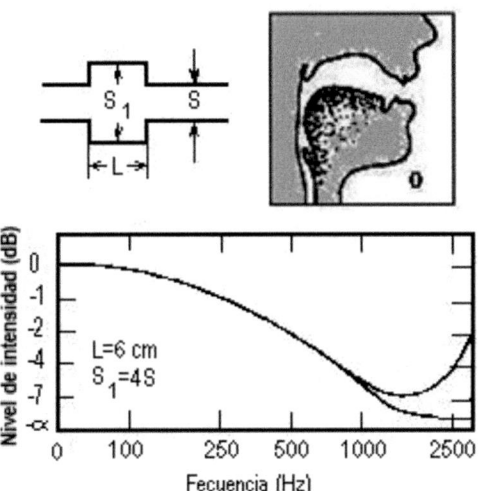

Figura 4.13 La presencia de un ensanchamiento en un tubo de guía de ondas acústicas favorece el paso de las frecuencias bajas, tanto más cuanto mayor sea la diferencia de las secciones.

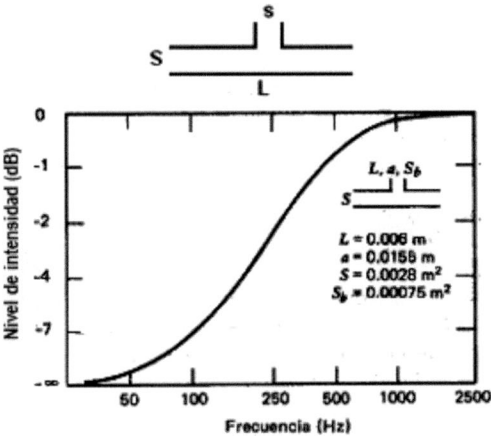

Figura 4.14 Efecto de la presencia de un orificio en un tubo guía de ondas acústicas.

---

[43]	MERINO, J.M. (2006) *Las Vibraciones de la Música.* Ed. Club Universitario. Granada. P. 114

A su vez, la presencia de orificios en un tubo guía de ondas acústicas ejerce el efecto contrario, permitiendo el paso preferente de las altas frecuencias con detrimento de las bajas. Todos hemos comprobado que cuando el silenciador de un vehículo se agujerea por efecto de la corrosión, el ruido del motor se convierte en insoportable por la presencia de las altas frecuencias provocadas por las explosiones.

IV.2.2 Emisividad de la voz humana

El órgano fonador humano no tiene la misma potencia emisiva en todas las direcciones, debido fundamentalmente al efecto sombra de la cabeza.

Si la emisión se produjera únicamente por la proyección acústica de la boca, la direccionalidad hacia delante sería mucho más pronunciada de lo que en realidad es. Ello es debido a dos razones: por un lado, las mejillas y el resto de las partes carnosas que conforman la boca también vibran y contribuyen a la emisión del sonido y por otro, el tamaño de la cabeza es pequeño en comparación con las longitudes de onda correspondientes a los sonidos del habla, principalmente con los graves, a consecuencia de ello se producen fenómenos de difracción que igualan la distribución de energía acústica por todas las direcciones.

En la Figura 4.15 se aprecia una cierta direccionalidad preferente hacia delante con una diferencia de 5 dB entre los sentidos delantero y trasero en la banda de frecuencias de 125-250 Hz. La diferencia se acentúa para la banda de sonidos agudos comprendida entre 1400 y 2000 Hz.

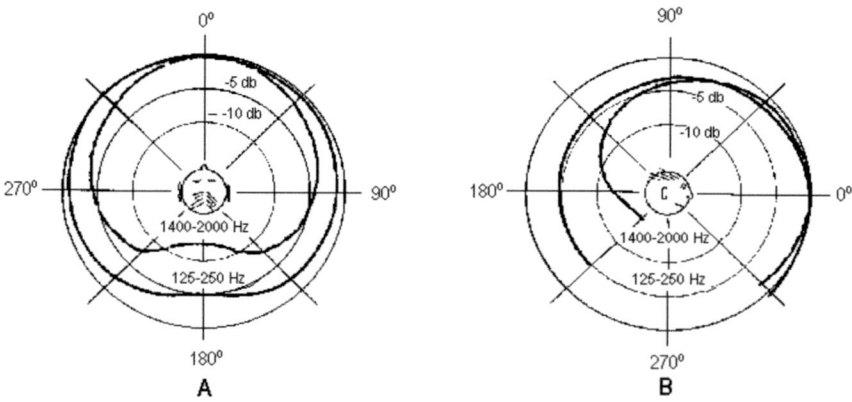

Figura 4.15 Distribución del nivel de potencia acústica de la voz en el plano horizontal (A) y en el plano vertical (B).

IV.3 LA VOZ HABLADA

Básicamente, el sonido hablado se compone de dos elementos: los *sonidos vocales* y los *consonantes*. Los primeros son propiamente sonidos, caracterizados por el espectro continuo procedente de la glotis modulado por las amplificaciones y atenuaciones de los órganos resonadores, según se esquematiza en la figura 4.11. A su vez, las consonantes son el resultado de la articulación de los órganos móviles, fundamentalmente la lengua y los labios, los cuales hacen que el paso del aire sea explosivo (t, p, q), fricativo (f, v)), gutural (k, g, j), labial (m, b), nasal (n), siseante (c, s), dental (d) o lingual (l). La superposición de estos sonidos a los de las vocales componen las sílabas y la composición de estas últimas, forma las palabras.

Los lingüistas se refieren a una serie de entre 12 y 21 sonidos vocales distintos en la lengua inglesa. Por el contrario, en la lengua castellana los sonidos vocales son solo cinco. La figura 4.16 muestra las posiciones del tracto bucal, correspondientes a cada una de las vocales castellanas, relacionándose en la tabla inferior las frecuencias pico de los tres primeros formantes para cada una de ellas.

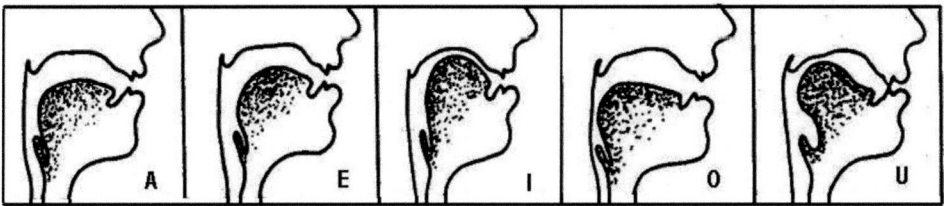

Figura 4.16 Disposiciones del tracto bucal en la articulación de las cinco vocales castellanas.

FRECUENCIAS PICO DE LOS FORMANTES DE LOS FONEMAS CASTELLANOS[44]						
	Género	/a/	/e/	/i/	/o/	/u/
(F0)	Femenino	217	216	220	216	217
	Masculino	140	164	153	142	137
(f1)	Femenino	697	486	321	565	420
	Masculino	812	474	308	497	392
(f2)	Femenino	1597	2557	3030	1608	1540
	Masculino	1332	2206	2360	1255	1341
(f3)	Femenino	2994	3365	3568	3331	3242
	Masculino	2774	2926	3125	2834	2933
(f4)	Femenino	4301	4482	4413	4360	4081
	Masculino	3986	3812	3921	3852	3934

---

[44] CISTERNAS, P.M. Y DÍAZ, S.K. (2012) *Características acústicas de las vocales españolas*. Univ. Andrés Bello. Santiago de Chile.

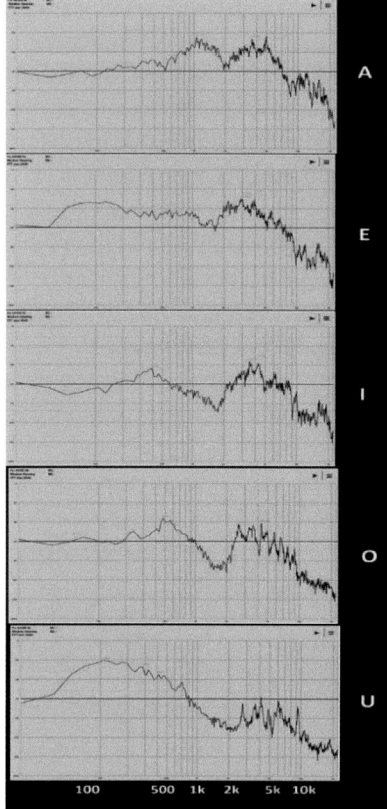

Figura 4.17 Espectrogramas de los cinco fonemas castellanos.

Los sonidos vocales están conformados por conjuntos de frecuencias que han sido amplificadas por los resonadores. Estos conjuntos se caracterizan por medio de tres parámetros: frecuencia de pico o frecuencia promedio, ancho de banda e intensidad. De los varios formantes propios de un fonema, los más importantes son los tres primeros, por ser estos los que distinguen claramente a cada sonido vocal. Hay otros formantes a mayores frecuencias que tan solo afectan al timbre.

Como ya vimos en el apartado IV.2.1, las frecuencias formánticas se ven alteradas por cambios en la forma del tracto vocal, por la modificación de la posición de la lengua, por la apertura o cierre de la mandíbula, por la apertura de los labios y por la elevación o descenso de la laringe. En cuanto a las relaciones entre la situación de los formantes en el espectro vocálico y los mecanismos articulatorios se han establecido las siguientes relaciones genéricas[45]:

1. Existe una relación directa entre la elevación de la frecuencia del primer formante (f1) y la apertura de la cavidad oral. Cuanto más alta es la frecuencia f1, la vocal es más abierta, y a la inversa.

2. Existe una relación directa entre el retroceso de la lengua y el descenso de la frecuencia del segundo formante (f2). Cuanto más alta es la frecuencia del f2, más anterior es la vocal, y a la inversa.

3. Existe una relación directa entre el descenso frecuencial del formante f2 y la protrusión o redondeamiento labial. Cuanto mayor sea el redondeamiento, más bajo será el f2, y a la inversa.

4. Existe una relación directa entre la elevación frecuencial del tercer formante (f3) y el descenso del velo del paladar (como en la nasalización), y una relación directa entre el descenso frecuencial del f3 y la elevación de la punta de la lengua hacia una posición retrofleja.

Por todo cuanto antecede, hemos de aceptar que, en principio, el reconocimiento de los sonidos vocálicos depende no solo del valor pico de la

---

[45]   Quilis, A. (1999) *Principios de fonología y fonética española.* Ed. Gredos. Madrid, pp. 15-98

frecuencia de sus formantes sino también de la intensidad relativa de cada uno de ellos, según se desprende de la observación de la figura 4.17.

Pero aún hay más. Puesto que la longitud del tracto vocal difiere en hombres, mujeres y niños, es evidente que el reconocimiento de los sonidos vocálicos se debe más a su posición relativa en el espectro acústico que a sus valores pico estándar. De no ser así, los tres grupos humanos mencionados no se entenderían entre sí.

El análisis que hemos hecho de los formantes del habla tiene su repercusión en la teoría del canto. Los fonemas /a/ y /e/ son los mejores a la hora de cantar, especialmente en el canto de las sopranos, ya que el pico del primer formante de cada uno de estos dos fonemas se sitúa en la banda de frecuencias tonales de su tesitura. Al articular sobre la nota cantada un sonido vocálico entre /a/ y /e/, la nota se ve reforzada, ganando así la voz en sonoridad y brillantez.

Estas consideraciones son menos válidas en el canto masculino, toda vez que su tesitura se sitúa muy por debajo de las frecuencias pico del primer formante de estos tres fonemas. Pese a ello, los hombres deben vocalizar su canto en torno a los fonemas /a/ y /e/. El primero refuerza la banda de frecuencias comprendida entre 1 y 4 KHz que, como veremos en el punto IV.4.1 corresponde al *formante del canto*, esencial en el canto masculino. Además, el primer formante del fonema /e/ es muy ancho y refuerza las frecuencias tonales entre 100 y 300 Hz, propias de la voz masculina.

El fonema /i/ tiene la desventaja de que, en su articulación, la lengua ha de curvarse hacia adelante hasta casi tocar el paladar, según se aprecia en la figura 4.16, lo cual es motivo de que la voz se proyecte menos que con los tres anteriores.

Finalmente, el fonema /u/ debe ser sistemáticamente eludido en el canto debido a que su articulación requiere un importante cerramiento del tracto vocal, según consta en la figura 4.16 y en la 4.17, en la que se aprecia claramente la fuerte atenuación en la banda de frecuencias comprendida entre 2 y 8 KHz. Este hecho dificulta muy seriamente la emisión de una voz intensa y brillante.

IV.4 LA VOZ CANTADA

Fundamentalmente cabe distinguir, en todo individuo, dos "voces" para el sonido cantado: la voz *de pecho* o voz "llena" y la voz *de cabeza* o "falsete". El primero es un sonido fuerte y pesado y el segundo es ligero, fino y a menudo, débil. Esto se debe a varias circunstancias derivadas sobre todo de la forma de actuación de los músculos tensores de las cuerdas vocales[46].

Cuando se canta con voz de pecho, la glotis está cerrada la mayoría del tiempo de emisión del tono, tal como podemos ver en la figura 4.7. Las cuerdas vocales están tensas y forman una masa elástica relativamente gruesa. En estas condiciones, la presión del aire que ha de abrirse paso a su través motivando la vibración, es grande en comparación al otro mecanismo. El resultado es una voz firme y potente.

---

[46] CARL HÖGSET (1994) *"Técnica vocal"* Departamento de Cultura del Gobierno Vasco (Vitoria)

Voz de pecho

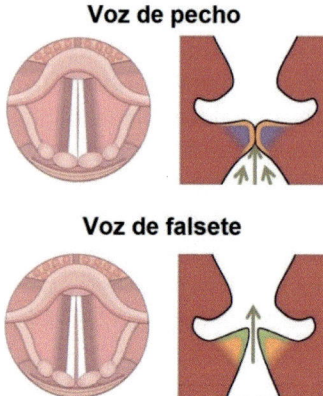

Voz de falsete

Figura 4.18 Disposición de las cuerdas vocales en la voz de pecho y en la de falsete.

Al cantar con voz falsete, la tensión de las cuerdas vocales es menor y se muestran más delgadas (Figura 4.18). El aire, en estas condiciones, necesita menor presión para salir, forzando la separación de las cuerdas que en este caso se separan más fácilmente que en la voz de pecho. El resultado es la emisión de un sonido más ligero y débil.

En la voz de pecho, el tiempo de paso de aire a través de las cuerdas vocales es menor que en el caso de la voz de falsete, además, la sección de paso entre las cuerdas es menor en la primera que en la segunda, lo uno y lo otro determina que el caudal de aire sea mayor al cantar de cabeza (falsete) que al cantar con voz llena (pecho). De aquí derivan una parte de las dificultades del canto en los pasajes pianos, en los que se utiliza la voz falsete, la cual requiere una técnica respiratoria distinta que en el caso de la voz de pecho.

Por motivos obvios, existe un límite de altura que se puede alcanzar con la voz de pecho. Fundamentalmente, dicho límite depende del sexo y en menor medida de otras características que determinan las distintas clases de voz (soprano, tenor, contralto, bajo, etc.). Los niños y las mujeres tienen la glotis más estrecha y corta que los hombres lo que determina que la voz de los primeros sea más aguda que la

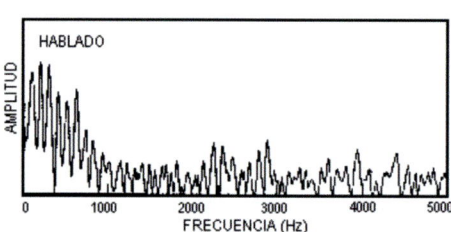

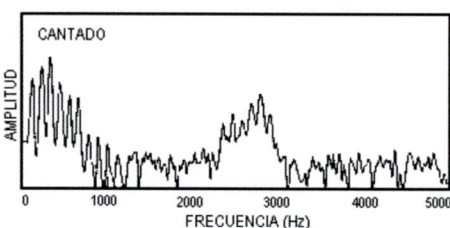

Figura 4.19 Análisis espectral del fonema /o/ hablado y cantado.

de los segundos. En igual sentido, el tamaño corporal tiene relación con la voz. Es normal que las personas grandes tengan laringes grandes y por ello, una voz más grave que las personas de pequeño tamaño.

Es generalmente sabido que los profesores de canto insisten a sus alumnos en que emitan la voz "cubierta". Este calificativo corresponde a una calidad de voz más oscura que la del habla normal, similar a lo que ocurre cuando una persona habla y bosteza a un mismo tiempo. De esta manera se consigue un descenso adicional de la laringe y una mayor expansión de la faringe. Se logra así alterar el espectro sonoro emitido, tal como muestra la figura 4.19, en la cual aparecen los espectros sonoros para la vocal castellana /o/ hablada y cantada correctamente. Se aprecia en ambos casos la aparición de un pico adicional correspondiente a una frecuencia pico de unos 2.800 Hz, que no es otro que el *formante del canto*[47]. Este pico, presente en todas las voces cuando estas están bien impostadas, es particularmente intenso en las voces de tenores, barítonos y bajos y se estima que su intensidad está en razón directa a la calidad de la voz.

IV.4.1 La voz cantada masculina[48]

A partir del examen de radiografías, J. Sundberg y col.[49] llegaron a determinar que la frecuencia de resonancia de una laringe de un grupo de barítonos profesionales con su voz impostada, debe situarse entre 2.500 y 3.000 Hz, es decir, entre los formantes normales 3º y 4º, justo donde aparece el pico del formante del canto.

La figura 4.20 muestra el análisis espectral de la voz de un barítono al cantar un Mi de 165 Hz. Se aprecia claramente que, de todas las frecuencias inherentes al tono, la más intensa es el tercer parcial de 495 Hz y no la frecuencia tonal del primer parcial de 165 Hz. Pese a ello, la sensación tonal producida es intensa y clara gracias al mecanismo ya descrito de la percepción del tono virtual (revisar el punto III.3.3). Según vimos, el oído capta todos los armónicos superiores y los mecanismos cerebrales de la audición detraen de todos ellos la sensación de tono, la cual coincide con la frecuencia que, matemáticamente, es el máximo común divisor de

Figura 4.20 Espectrograma de la voz de un barítono al cantar un Mi de 165 Hz.

[47]   SUNDBERG, J. (2001) "Level and centre frequency of the singer's formant". *Journal of Voice* 15, pp 176-186.

[48]   Scotto, N. (1990) "El arma secreta de los cantantes de ópera". *Mundo Científico,* 101, Vol. 10, pp. 456-458.

[49]   SUNDBERG, J., ANDERSON, M. AND HULTQVIST, C. (1999) "Effects of subglottal pressure variation on profesional baritone singers voice sources" *J. Accoust. Soc. Am.*105, pp. 1965-1971

las frecuencias percibidas. El resultado neto de todo ello es que, si bien la frecuencia fundamental no es la más intensa, los mecanismos cerebrales de la audición suman a esa intensidad la sensación del tono virtual. De esta manera, la voz del barítono es, para los oídos de los oyentes, claramente tonal.

En segundo lugar, abordaremos ahora la cuestión del formante del canto como un atributo casi exclusivo de los hombres y cuya presencia es garantía de la calidad de la voz[50].

En ciertos pasajes operísticos, el cantante se enfrenta en solitario a toda una orquesta sinfónica, logrando sobresalir por encima de ella. De entre los muchos ejemplos, recordemos el célebre final del aria "Nessun dorma" de la ópera Turandot, de G. Puccini, en la voz del gran tenor Luciano Pavarotti. En sus espléndidas interpretaciones, el tenor termina manteniendo un La sobreagudo de 440 Hz al tiempo que la orquesta suena a toda potencia y, contra todo pronóstico, la voz del tenor llega a sobresalir por encima del *forte* orquestal.

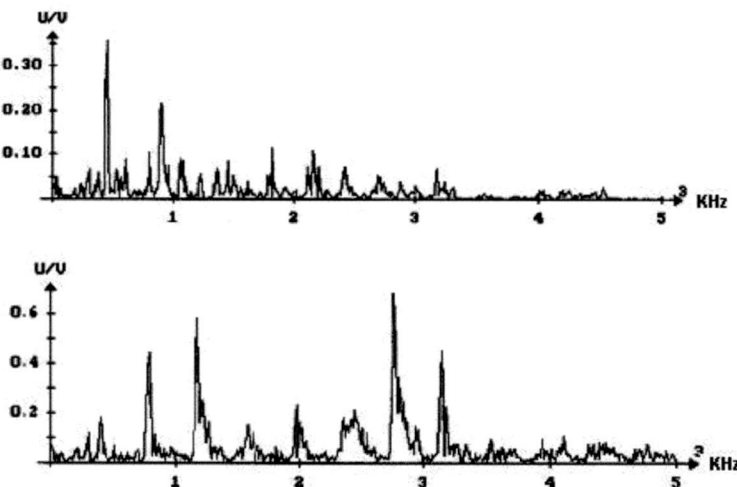

Figura 4.21 Comparación de los espectros acústicos de una orquesta sinfónica (arriba) y la voz de Luciano Pavarotti (abajo) en el final del aria "Nessun dorma" de la ópera Turandot. Apréciese la presencia de los formantes del canto en la banda de frecuencias 2500-3300 Hz.

Vimos en el punto III.2.1 que cuando un punto de la membrana basilar se ve afectado por dos estímulos, se produce el enmascaramiento. Por regla general, los sonidos más intensos enmascaran a los más débiles y también vimos que los sonidos graves enmascaran en mayor medida a los agudos que los agudos a los graves, y

---

50   Sundberg, J. (1974) "Articulatory interpretation of the singing formant". Journal of the Acoustical Society of America. 55.pp 838-844.

vimos también que la razón de que esto ocurra así se debe a la forma en que la membrana basilar es estimulada por los sonidos de baja y de alta frecuencia.

Pues bien ¿cómo es posible que la voz de un tenor, cuya potencia emisiva es netamente inferior a la de una orquesta sinfónica, sea audible cuando la segunda suena con toda su potencia, alcanzando niveles del orden de 120 dB? La explicación a este enigma se encuentra al comparar los espectros del sonido de la orquesta y de la voz del tenor.

La orquesta emite una potencia acústica muy superior a la de la voz del cantante, ahora bien, esa potencia se concentra en las frecuencias tonales dentro del rango 40-1500 Hz para decaer a frecuencias más superiores. Ciertamente, en esa banda de frecuencias, la orquesta enmascara la voz del tenor, máxime considerando que en su sonido se hallan las emisiones de contrabajos, trombones y tubas cuyos sonidos graves son altamente enmascaradores.

A su vez, la voz del tenor poco puede hacer en el rango de las frecuencias tonales. Véase en la figura 4.21 (abajo) que el pico de la frecuencia fundamental de 440 Hz es mucho más bajo que los picos del 2º y 3º armónico de 880 y 1320 Hz respectivamente[51] y que, en su conjunto, nada pueden frente al poderío de la orquesta. Pero la presencia del intenso formante del canto en la banda 2,1-3,5 KHz,

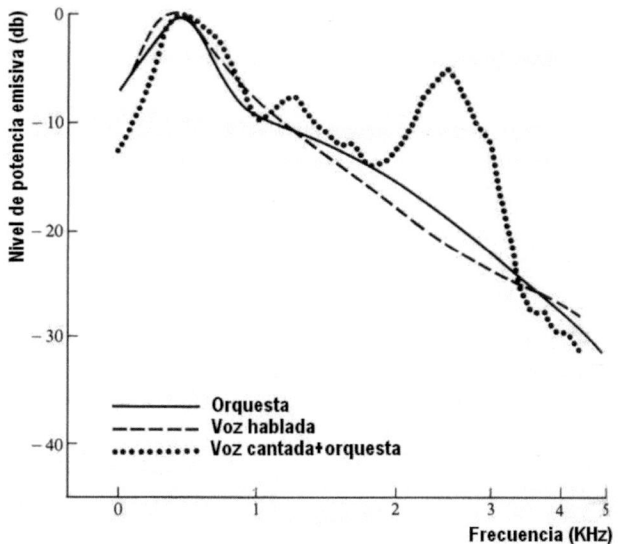

Figura 4.22 Comparación de los espectros de potencia para el sonido orquestal, la voz hablada y la voz cantada.

---

[51]   Si el tenor cantase en solitario, los oyentes oirían un La claro y brillante, no porque el tenor emita fuertemente esa frecuencia sino gracias al mecanismo del *tono virtual*.

lugar en el que la intensidad orquestal ha descendido notoriamente y zona en la que el oído humano es muy sensible, permite percibir la voz del tenor en medio del estruendo.

La figura 4.22 compara la distribución espectral de potencia de una orquesta sinfónica, la voz hablada y la voz cantada. De la mera observación del gráfico podemos deducir que, si bien la orquesta enmascara la voz del cantante en la zona de las frecuencias tonales, no así sucede en la banda correspondiente al formante del canto, lugar en el cantante tiene una ventaja de unos 14 dB sobre la orquesta. La ausencia del formante del canto, como es el caso de la voz hablada, ocasionaría el total enmascaramiento del cantante.

IV.5 CONCLUSIONES

Considerada como un instrumento de viento, la voz humana tiene los tres elementos básicos: un reservorio de aire a presión, unos elementos vibrantes y unas cavidades resonadoras. La provisión de aire necesaria para la fonación corre a cargo de los pulmones, siendo los músculos torácicos y el diafragma los encargados de dotar al aire de la presión necesaria.

Los elementos vibrantes, las cuerdas vocales, se hallan alojadas en el interior de la laringe. De todo el reino animal, la especie humana es la que posee la laringe más compleja. Fue la línea evolutiva que siguieron las especies que nos precedieron en los últimos siete millones de años la que determinó que la laringe humana se encontrara por debajo de la faringe, alargando así el tracto bucal mucho más que en los restantes primates. Solo una laringe de 18 cm en los hombres y 16,5 cm en las mujeres, permite articular la compleja panoplia de sonidos que componen el habla.

En tercer lugar, se ha de considerar las cavidades resonantes que modulan con extrema eficiencia el extenso espectro acústico que emerge de las cuerdas vocales. De forma análoga a como un maestro tallador convierte el diamante en una preciadísima gema, los resonadores del tracto vocal amplifican ciertos grupos de frecuencias (los formantes) y atenúan otros, dándole a la voz su timbre y personalidad propia. Al propio tiempo esos resonadores modifican el espectro laríngeo articulando los distintos fonemas.

Desde el punto de vista físico, el tracto vocal se comporta de manera parecida a un tubo resonante tapado por un extremo. Vimos en el capítulo III que estos tubos amplifican por resonancia los parciales fundamental, tercero, quinto..., es decir, resuenan con los armónicos impares. Por otro lado, el velo del paladar, la lengua, la mandíbula, los labios y los músculos de sostén de la laringe se mueven rápida y eficientemente estrechando o ensanchando el conducto y alargando o contrayendo su longitud. Gracias a ello, las frecuencias de resonancia (los formantes) son desplazados hacia valores superiores o inferiores permitiendo la articulación de todos los fonemas de las distintas lenguas.

Al tiempo que la naturaleza nos dotó de la facultad de hablar, nos dejó como "regalo" la posibilidad de emitir sonidos musicales. Con toda probabilidad, el canto debió ser la primera manifestación musical del ser humano.

La emisión de notas musicales requiere el empleo específico de ciertos recursos inherentes a nuestro órgano fonador que, al no ser empleados en el habla, requieren de cierto entrenamiento.

Las dimensiones del tracto vocal humano, por debajo de los 20 cm en todos los casos, no permiten la resonancia con las frecuencias tonales, pero sí las de orden superior, por encima del segundo parcial. En los restantes instrumentos musicales, los cuerpos resonantes están específicamente diseñados para actuar sobre las frecuencias tonales y sus armónicos superiores, pero, muy al contrario, en la voz humana, las frecuencias tonales son proporcionadas directamente por las cuerdas vocales, no siendo amplificadas por las cavidades resonadoras. Los resonadores de la voz sí amplifican los parciales cuyas frecuencias estén por encima de 1 KHz ya que su pequeño tamaño les hace aptos para ello. Son los mecanismos cerebrales de la audición, que analizamos en el capítulo III, los que permiten reforzar la sensación tonal bajo la forma de "tono virtual".

Por último, en el caso de los hombres (y también mujeres de voz grave), el principal recurso se consigue alargando todo lo posible el tracto vocal tirando hacia abajo de la laringe y proyectando los labios hacia adelante. De esta manera, se consigue una resonancia centrada en la banda 2,5-3,5 KHz que se conoce como "formante del canto". La abundancia de estas frecuencias otorga a la voz brillo y potencia, atributos que definen la calidad de las voces de contraltos, tenores, barítonos y bajos. La técnica del canto de las mujeres, especialmente sopranos, va por otros derroteros. Todo ello se verá en el próximo capítulo.

CAPÍTULO V
LA CIENCIA Y LA TÉCNICA DEL CANTO

Resulta irónico que el más primitivo de los instrumentos musicales, la voz, sea el menos comprendido. Sin duda, ello se debe a la enorme complejidad del órgano fonador humano y a las dificultades de acceso a sus partes, si se compara con la mecánica de los instrumentos fabricados por el hombre. Por si esto fuera poco, la forma en que la voz articula los distintos sonidos difiere por completo de las formas en que lo hacen los restantes instrumentos. Estos logran las diferentes notas variando la longitud de las cuerdas o de los tubos, según su naturaleza, mientras que la voz logra los tonos mediante complejos movimientos de la glotis y estrangulando o ensanchando ciertos puntos del tracto vocal.

Estos planteamientos explican lo difícil que resulta la formación de un profesional del canto. Consciente de ello, el autor presenta en este capítulo, no un tratado completo de aprendizaje sino un conjunto de elementos y consignas que los profesores de canto proponen a sus pupilos, explicados y justificados a la luz de los fundamentos científicos tratados en los cuatro capítulos precedentes. Se trata pues, de dar fundamentación científica y objetividad a muchas de las reglas empíricas y subjetivas propias de la técnica del canto.

V.1 EL ÓRGANO FONADOR, UN COMPLEJO SISTEMA AUTOMÁTICO FUERA DEL CONTROL DE LA VOLUNTAD

En los capítulos anteriores hemos conocido la enorme complejidad estructural y funcional del sistema fonador humano. Resulta fascinante la perfección con la que la evolución natural, a través del juego de la vida y la muerte de los individuos que nos precedieron en el tiempo, ha ido diseñando de forma lenta e imparable un sistema emisor de sonidos capaz de codificar bajo la forma de las ondas acústicas una extensísima colección de ideas y emociones. Toda esa información es captada por el sistema psicoacústico de nuestros congéneres y, por un procedimiento no menos complejo (analizado en el capítulo III), esa información llega al cerebro de nuestros semejantes.

El proceso de la transmisión verbal se ajusta al esquema de la figura 5.1. La fase A se refiere a la elaboración, por parte del comunicante, de una idea o emoción que, merced a mecanismos psíquicos poco o nada conocidos, pone en funcionamiento su centro cerebral del habla. Este controla automáticamente todos y cada uno de los músculos del aparato fonador, el cual genera las ondas acústicas que en la fase B se transmitirán vía aérea hasta la receptora. Cuando las ondas acústicas llegan al oído de la receptora, se inicia la fase C, de la audición. En esta fase las ondas acústicas son convertidas en impulsos nerviosos que, al llegar al centro cerebral de la audición, son transformadas en ideas y emociones que se almacenan en la memoria.

En todo este proceso de tres fases, no interviene para nada la voluntad, todo está automatizado. En las fases A y C son los mecanismos cerebrales inconscientes de la fonación y de la audición los responsables de que todo funcione y en la fase B, de transmisión, son las leyes de la física las que rigen la propagación acústica. Realmente, es ínfimo el porcentaje de operaciones vitales controladas

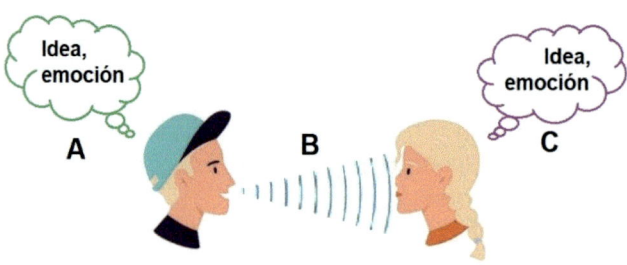

Figura 5.1 Esquema de la transmisión verbal.

directamente por la voluntad. Podemos abrir y cerrar la mano, dar un paso, cerrar los ojos, tragar o hablar, es cierto. Pero no menos cierto es que todas estas acciones tienen una complejidad de fondo enorme. Pensemos que, al dar un paso, son cientos de músculos de todo el cuerpo los que entran en acción, y todos ellos han de estar perfectamente coordinados si no queremos caer al suelo. ¿Alguien piensa que es posible beber un vaso de agua, controlando conscientemente todos y cada uno de los músculos que intervienen en la deglución, sin que nos atragantemos? Un sistema tan complicado como nuestro cuerpo tiene que estar forzosamente automatizado. Todas las operaciones básicas están controladas por los centros nerviosos y gracias a ello, la parte más noble del cerebro queda libre para estar al servicio de la voluntad.

En el canto, al igual que en las restantes operaciones vitales, todo está automatizado.

¿Realmente, todo?

Ciertamente, es el cerebro el que decide cómo hacer las cosas, y lo hace con extrema eficiencia. Él coordina a la perfección todas las áreas motoras en torno a la operación. Al cantar nos oímos a nosotros mismos y, si la tarea que realizamos no funciona o no nos gusta, entonces nuestro cerebro introduce conscientemente en el proceso variaciones, cambios y reajustes, repitiendo luego la operación para mejorarla. Diríase que es un proceso iterativo en el que el individuo realiza la tarea de cantar introduciendo conscientemente en el mecanismo automático los cambios o reajustes que él considera necesarios. Tras ello, evalúa los resultados; si estos son negativos, intentará nuevos cambios y si son positivos repetirá cuantas veces sea preciso para que esos cambios lleguen a incorporarse a los automatismos. Es así como se aprende a cantar.

El conocimiento objetivo y realista que proporciona la ciencia de la fonación y de la audición ha de proporcionar forzosamente los mejores elementos de juicio para elaborar los cambios y reajustes que requiere el aprendizaje del canto. Por regla general, los profesores de canto recurren a propuestas subjetivas y a sus propias sensaciones para transmitir a sus alumnos los cambios y reajustes que han de introducir en su forma de cantar. Ahora bien, las sensaciones comunes entre personas no existen; cada individuo siente a su manera y dos personas no tienen por qué percibir la misma sensación ante un mismo estímulo. Por igual motivo, carece de sentido hablar de sensaciones correctas e incorrectas.

Cuando cantamos nos oímos a nosotros mismos, y nos oímos diferente a como nos oyen los demás. En buena parte, eso se debe a que el sonido de nuestra voz nos llega, mayoritariamente, a través de las vibraciones de los huesos craneales y no por vía aérea. Por eso, lo más acertado es seguir las indicaciones (siempre subjetivas) del profesor o escuchar las grabaciones del audio de nuestra voz, para elaborar los cambios más acertados en el proceso de aprendizaje.

Son estas las consideraciones que justifican la necesidad de este libro sobre la ciencia del canto. En él se explica, con el máximo rigor científico y de forma objetiva, los procesos físicos inherentes a la audición y la fonación. Se pretende con ello que la mente del cantante genere los cambios más adecuados en su forma de cantar, basándose en el conocimiento de los mecanismos del canto y no en la descripción subjetiva que otro individuo (el profesor) le proporciona de sus propias sensaciones.

V.2 VOZ HABLADA Y VOZ CANTADA

A diferencia de los restantes instrumentos musicales, la voz aúna el habla con la música, siendo este el motivo por el que la voz es el más expresivo de los instrumentos musicales. Ninguno como él es capaz de transmitir la belleza de la música junto con la expresividad del mensaje hablado.

Vimos en el punto IV.3 que la voz hablada se caracteriza por la presencia de agrupaciones de frecuencias amplificadas o atenuadas que llamamos *formantes*. La presencia de esos formantes en el espectro acústico de la voz hablada se manifiesta por la presencia de prominencias y vaguadas en la envolvente del espectro. Tanto la amplitud relativa de esos formantes como la separación que hay entre ellos proporciona la información que el cerebro necesita para distinguir un fonema de otro. Esta realidad se aprecia claramente en la figura 4.17, en la que aparecen las formas espectrales de las cinco vocales castellanas y en las cuales se aprecian los formantes que caracterizan a cada uno de los fonemas.

Si tenemos en cuenta que la longitud de las cuerdas vocales de los hombres oscila entre los 17,5 hasta 22 mm y que en el caso de las mujeres las medidas se encuentran en el rango 12-17,5 mm, encontramos la razón por la que la voz de los hombres es más grave que la de las mujeres. Al propio tiempo, este hecho nos obliga a aceptar que los formantes de las vocales emitidas por la voz femenina han de estar desplazadas hacia frecuencias más altas que en la voz de los hombres. Si el cerebro reconociera los fonemas tan solo por el valor absoluto de las frecuencias pico de sus formantes, hombres y mujeres no nos entenderíamos. Está claro que los mecanismos por los que reconocemos los fonemas del habla se basan fundamentalmente en la posición relativa de los formantes en el espectro. A mayores, también admitiremos que lo importante en el reconocimiento de la voz es la intensidad relativa de los formantes, y no la absoluta. Gracias a ello podemos hablar susurrando, en voz baja y gritando y, en todos los casos, los demás nos entienden.

En la voz cantada las cosas son aún más complicadas. En este caso, a los formantes propios del habla se les añade las frecuencias tonales responsables de la parte musical del sonido. Ciertamente, la composición espectral de un fonema es la misma, tanto si es hablado como si es cantado, pero no menos cierto es que los cantantes (especialmente las sopranos) hacen modificaciones en las vocales para mejorar la calidad de los tonos musicales, especialmente en la mitad aguda de su tesitura. Esto nos lleva a la conclusión de que el espectro del canto no es la mera superposición del sonido hablado y el sonido musical que le acompaña. Más bien es el resultado de la interacción y posterior fusión del habla y la música[52].

La figura 5.2 pertenece a la obra de Rossing, Moore y Wheeler[53] y muestra los resultados del análisis individual del fonema /ae/ hablado y cantado por un

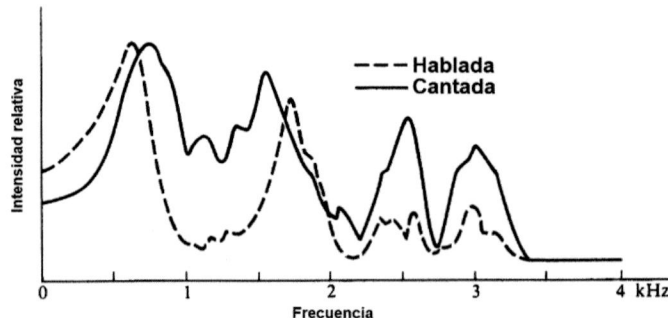

Figura 5.2 Espectro del fonema /ae/ hablado y cantado. Apréciese la fuerte variación en la distribución de intensidades.

[52]   VENNARD, W. (1967) *Singing: the Mechanism and the Technic.* Edición revisada por Carl Fisher.
[53]   ROSSING, T.D., MOORE, F.R. AND WHEELER, P.A. (2002) *The Science of Sound.* Addison Wesley, New York. p. 375

barítono profesional. Se aprecia que el primer formante no cambia de intensidad y apenas se desplaza al ser cantado o hablado pero el segundo gana intensidad y se desplaza hacia frecuencias más bajas al ser cantado. Por su parte, los formantes tercero y cuarto apenas se desplazan, pero incrementan fuertemente su intensidad al ser cantados; esto sucede en el rango comprendido entre 2,3 y 3,4 KHz.

Este mismo problema fue estudiado anteriormente por Sundberg[54] (1974) quien utilizó los rayos X y fotografió el tracto vocal en un intento de determinar qué movimientos o posturas específicas se operan en el conducto vocal en el momento de cantar, llegando a las siguientes conclusiones:

1. La laringe desciende
2. La apertura de la mandíbula se ve aumentada.
3. La punta de la lengua se retrae haca atrás al tiempo que su parte trasera se curva hacia arriba en los fonemas /u/, /o/ y /a/.
4. Los labios se proyectan hacia adelante alargando en lo posible el tracto vocal.

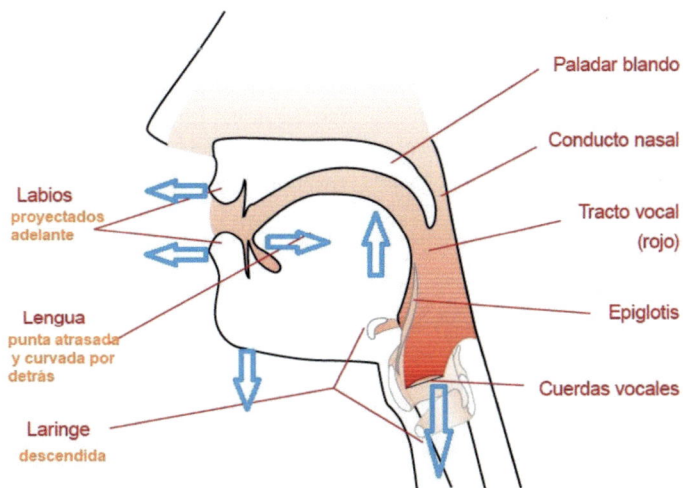

Figura 5.3 Esquema de las posiciones del tracto vocal para lograr una voz correctamente impostada.

Los profesores de canto promueven que sus alumnos adopten a la hora de cantar una conformación muy similar a la del bostezo. De esta manera consiguen, con palabras asequibles, que los cantantes en formación se acostumbren a impostar[55] correctamente sus voces, alargando lo más posible el conducto vocal,

---

54   SUNDBERG, J. (1974) "Articulatory Interpretation of the singing formant". *J. Acoust. Soc. Am.* 55: 838
55   El término "impostar" es utilizado por los músicos para referirse a la correcta colocación de los resonadores del tracto vocal con objeto de emitir la voz cantada correctamente.

ampliando la abertura por la que se proyecta el sonido hacia el exterior y ensanchando el interior de las cavidades resonantes.

La acción combinada del descenso de la laringe y la protrusión de los labios provoca un aumento de la longitud del conducto vocal que, en el caso de los barítonos y bajos, llega a superar los 19 cm y en el caso de las contraltos los 17 cm. Estas dimensiones permiten que se produzca una primera resonancia en la zona de los 500 Hz y las dos siguientes en torno a 1500 y 2500 Hz, correspondientes a los armónicos tercero y quinto (revisar el punto IV.2.1). Al comparar las figuras 5.3 y 4.11 nos percataremos de que el acto de retrasar la punta de la lengua y curvarla por detrás hacia arriba intensifica los parciales tercero y quinto. El resultado global es un aumento de la intensidad de las frecuencias próximas a 500, 1500 y 2500 Hz. Al emitir la voz en las condiciones que acabamos de ver, los resultados acústicos y estéticos son realmente espectaculares: la voz aumenta su intensidad, se hace más densa y mejora su timbre.

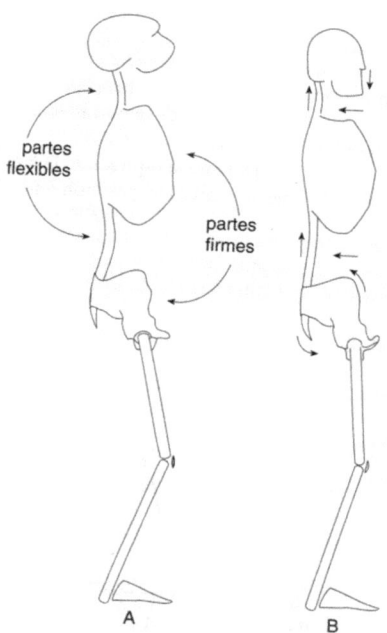

Figura 5.4 Posición corporal para el canto. A Incorrecta. B Correcta.

En segundo lugar, el descenso de la mandíbula, a la manera de un bostezo, tiene por finalidad el provocar el ensanche de la cavidad bucal para conseguir así una amplificación de las frecuencias bajas con detrimento de las altas. Efectivamente, la física de los tubos resonadores revela que la presencia de un ensanchamiento en un tubo guía de ondas acústicas favorece el paso de las frecuencias bajas y dificulta el paso de las altas (revisar el punto IV.2.1 y la figura 4.13). Así pues, cuando un cantante emite la voz bajando la mandíbula y echando la lengua hacia atrás, como si bostezara, está creando un filtro "pasabajos" con su propia boca. El resultado es que la voz se hace más densa y menos chillona; en definitiva, la voz adquiere un timbre más musical[56].

Finalmente, no debe olvidar el lector que el aumento de la intensidad de los armónicos superiores de cualquier sonido musical no solo supone una mejora del timbre, sino que incrementa

---

[56]   Este recurso lo encontramos en el corno inglés, un instrumento de la familia del oboe de timbre nasal y tesitura más grave que la del oboe. Gracias al ensanche globular que se encuentra adyacente a la boca del instrumento, consigue su sonido característico.

la intensidad de ese tono. Ello se debe a la habilidad que tiene nuestro sistema psicoacústico para percibir tonos virtuales a expensas de los armónicos superiores, según vimos en el punto III.3.3.

Es muy frecuente observar cómo los coralistas de las formaciones vocales de aficionados cantan igual que hablan, sin impostar la voz, sin tener en cuenta que la voz cantada es muy distinta de la voz hablada. En esas condiciones el sonido es pobre, carente de *loudness*, sin expresividad ni brillantez. Sería labor de los directores enseñar a sus cantores a impostar correctamente sus voces. De lograrlo, el esfuerzo rentaría el ciento por uno en el sonido del conjunto.

V.3 ELEMENTOS PARA LA TÉCNICA DEL CANTO

Vimos en el punto IV.1 que el órgano fonador humano, considerado como un instrumento musical, es un instrumento de viento y, como tal, la base del canto ha de ser el aparato respiratorio. Para que el canto se produzca en las mejores condiciones, es preciso favorecer al máximo la función respiratoria con una adecuada posición corporal, esquematizada en la figura 5.4. (Högset, C., 1998)[57]. La espalda ha de estar recta y las rodillas apuntando ligeramente hacia adelante. De esta manera el peso del cuerpo se distribuye mejor sobre ambos pies. Es importante erguir la cabeza por detrás, procurando no levantar la cara. De esta forma aseguraremos la buena posición de la mandíbula y del tracto vocal que fue descrita en el punto V.2. Esta posición facilita también la respiración diafragmática, esencial para el canto, que fue descrita en el punto IV.1.1.

V.3.1 La respiración

En la vida ordinaria, nuestra respiración es mitad intercostal y mitad diafragmática. Se acentúa la primera con el aumento del ejercicio físico, como sucede al hacer deporte en tanto que, durante el sueño, predomina la respiración diafragmática. Al cantar, la respiración debe ser predominantemente diafragmática (no exclusiva). Pensemos que, al cantar, nuestro sistema respiratorio se pone al servicio de la música; en esa situación, son las frases musicales, el ritmo y los silencios los que determinan cuando hemos de inspirar. ¡Y estos no siempre coinciden con nuestros ritmos fisiológicos!

La respiración en el canto ha de ser ensayada y entrenada en cada pasaje musical. El aire contenido en los pulmones deberá fluir con la presión y el caudal adecuado durante el fraseo musical que media entre dos silencios. Para que ello sea posible, se requiere la acción combinada de los músculos intercostales, abdominales y el diafragma en la forma que fue descrita en el punto IV.1.1.

---

[57]   Högset, C. (1998) *Técnica vocal.* Gob. Vasco, Depto. Cultura.

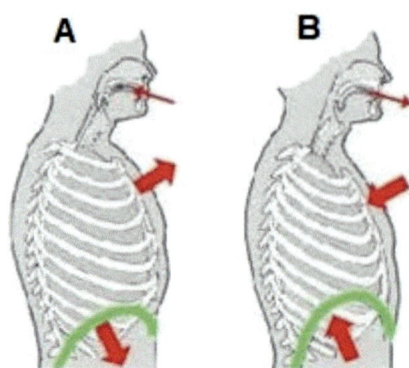

Figura 5.5 Esquema de la respiración en el canto. **A** Inspiración. **B** Espiración.

La inspiración se realiza antes de iniciar una frase musical; ha de ser lo más rápida y silenciosa posible: los músculos intercostales se relajan permitiendo que los pectorales y dorsales tiren hacia arriba de las costillas y, al propio tiempo, el diafragma se contrae apartando los intestinos hacia abajo y hacia los lados, haciendo que el vientre se hinche (figura 5.5). La fonación se produce en la fase de espiración y, tratándose del canto, ha de prolongarse a lo largo de toda la frase musical.

Dado que la respiración se ha de ceñir a las pautas musicales y no a las fisiológicas, una buena respiración para el canto requiere entrenamiento. En ocasiones es preciso acometer una frase musical larga tras un breve silencio que obliga a una inspiración rápida y silenciosa. En estos casos la espiración empieza siendo intercostal para terminar siendo diafragmática. La relajación del diafragma combinada con la contracción de los músculos abdominales exprime el contenido de los pulmones asegurando la presión y caudal del aire hasta el final de la frase.

Finalmente, diremos que la respiración en el canto con voz llena o de pecho, es más fácil que en el canto de cabeza o falsete. Ello es debido a que en el primer caso las cuerdas vocales están más tiempo cerradas que cuando se canta con registro falsete. En este segundo caso, las cuerdas están más separadas y menos tensadas (ver la figura 4.16) siendo el caudal de aire notablemente mayor. Por estos motivos, el canto de cabeza propio de los contratenores[58] requiere un entrenamiento altamente especializado.

V.3.2 Los registros de la voz

Vimos en el punto IV.4 que todos, hombres y mujeres, tenemos "dos voces", una es fuerte y pesada y la otra es fina y ligera. A la primera la llamamos *voz de pecho* y a la segunda *voz de cabeza* o *falsete*. La existencia de estas dos voces se debe a la conformación de nuestras cuerdas vocales. Al revisar la figura 4.8 del punto IV.1.2 podemos apreciar que las cuerdas vocales contienen en su interior una estructura muscular, llamada *músculo vocal*, cuya contracción provoca un aumento del grosor y de la tensión. A diferencia de los restantes músculos laríngeos, podemos controlar

---

[58]   Generalmente, los contratenores son barítonos especializados en el canto con registro falsete, capaces de cantar en una tesitura situada entre la voz de tenor y de alto.

a voluntad el músculo vocal y, gracias a ello, nos es posible cantar en uno de los dos registros mencionados.

Vimos en el punto IV.4 que cuando se canta con el mecanismo pesado (voz de pecho), la glotis está cerrada la mayor parte del tiempo de emisión de la voz en tanto que al cantar en falsete, sucede lo contrario, según se aprecia en la figura 4.16. Por este motivo, el caudal de aire necesario para el canto es mayor en el registro falsete que en el de pecho, y ha de ser tenido en cuenta a la hora de acometer los pasajes musicales que requieren uno u otro registro.

En la inmensa mayoría de los casos, ya sean hombres o mujeres, los dos tercios inferiores de su tesitura vocal pueden ser cantados con ambos registros en tanto que el tercio superior debe ser cantado con voz de cabeza. Intentar cantar las notas

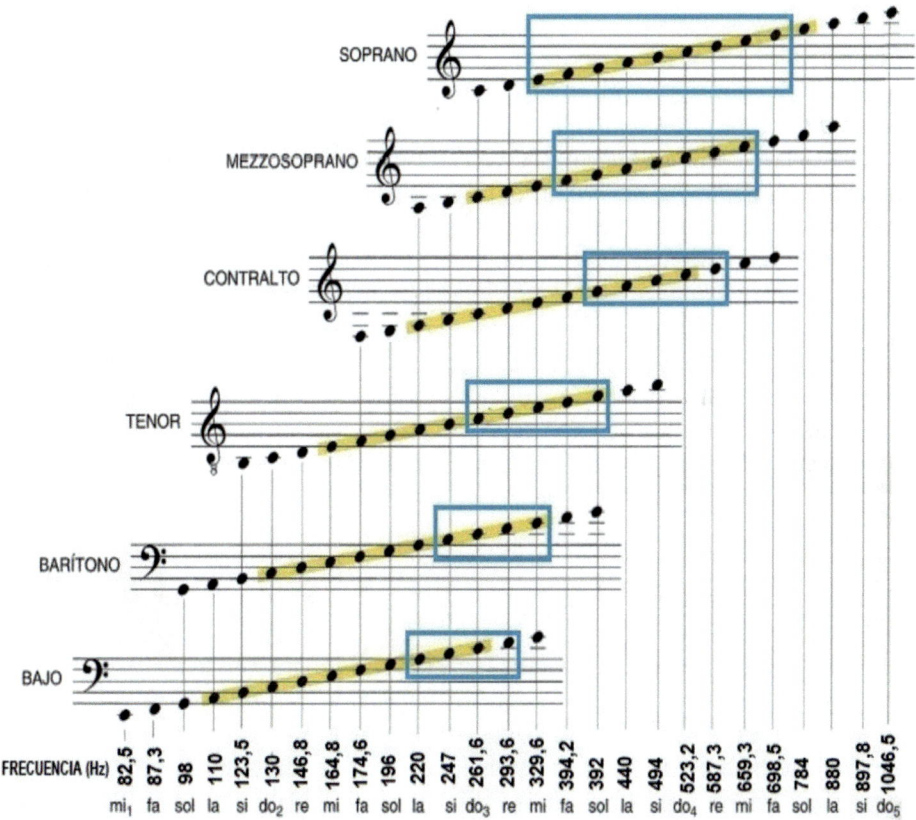

Figura 5.6 Tesituras de las voces. Con fondo amarillo se señalan las tesituras de las voces no educadas. Los cuadros azules señalan la zona de paso (voz mixta) para cada tipo de voz. Véase que la zona de paso es más amplia para las mujeres que para los hombres.

más agudas con voz de pecho, forzando en extremo las cuerdas vocales, es un error que a la larga se paga caro en forma de disfonías crónicas.

Así, según Högset[59] (1994), los *bajos* no deben forzar el mecanismo pesado más allá del La_2, los *barítonos* pueden llegar con voz de pecho hasta en Si_2. En el caso de los *tenores segundos*, deben cambiar al registro de cabeza al llegar al Do_3 y los *tenores primeros* pueden cantar de pecho hasta el $Do\#_3$. Para las voces femeninas la cosa es al revés. Las *sopranos* no deben cantar de pecho más arriba del Mib_3, las *mezzosopranos* pueden subir con el mecanismo pesado hasta el Fa_3 y las *altos* pueden cantar en ese registro hasta el Sol_3.

En el canto es preciso cambiar el registro de la voz según convenga en cada momento. Para que el fraseo musical sea correcto, es preciso que la transición entre la voz de cabeza y de pecho sea gradual y no abrupta. Para lograr la transición correcta entre ambos registros es preciso "crear" una *voz mixta* que suavice la transición entre la voz de pecho y de cabeza. Al tono de la transición entre la voz de pecho y la voz mixta lo llamaremos *punto de paso inferior* y al tono de transición entre la voz de cabeza y la mixta lo llamaremos *punto de paso superior*.

Por regla general, la *zona de paso* de las mujeres tiene una extensión mayor que la de los hombres, más o menos una octava. Por motivos prácticos, es conveniente dividir esta amplia zona de "voz media" en dos partes que llamaremos *voz media inferior* y *voz media superior*. En el caso de los hombres, los puntos de paso están separados aproximadamente por una quinta.

La voz es un delicado instrumento musical que, bien tratado y educado, puede proporcionar resultados sorprendentes. Son tres los objetivos más importantes a conseguir en la formación de un cantor: ubicación de la voz en su tesitura correcta, ampliación de la tesitura, tanto en el grave como en el agudo, y consecución de la voz mixta de paso entre la voz de pecho a falsete y viceversa. Realmente, no es fácil desarrollar la voz mixta; se requiere tiempo y dedicación. A la mayoría de las voces jóvenes no les es fácil encontrarla y, con frecuencia, se hace más difícil para los chicos que para las chicas.

V.3.3 La técnica del canto masculino

En el caso de los hombres, la disposición del órgano fonador en la forma descrita en el punto V.2 (figura 5.3) trae consigo un importantísimo beneficio adicional: el *formante del canto*. Vimos en el punto anterior que el conducto vocal masculino (y en buena medida el de las contraltos), con la voz bien impostada, tiene sus resonancias tercera y quinta en la zona comprendida entre 2 y 4 KHz. Estas resonancias se intensifican al combinar un descenso de la laringe con un avance de los labios al tiempo que la lengua se curva hacia el velo del paladar y su punta se retrae hacia atrás. La adopción de esa postura incrementa notablemente la longitud

---

[59]   Högset, C. (1994) *Técnica vocal*, Gob. Vasco. Depto. Cultura

del conducto vocal que, en el caso de los hombres, llega a alcanzar los 19 cm y en el caso de las contraltos los 17,5 cm. Es entonces cuando el tracto vocal se convierte en un eficaz resonador en la banda 2-4 KHz, y es en esas condiciones cuando se genera el tan deseado formante del canto, cuyas excelencias fueron expuestas en el punto IV.4.1.

¿Por qué razones la presencia de ese formante aumenta la potencia y mejora el timbre de la voz?

La respuesta la encontraremos al revisar el punto III.2. Al observar atentamente la figura 3.7 nos percataremos de que el oído humano es muy sensible ante las frecuencias comprendidas entre 2 y 4 KHz. Esa sensibilidad desciende al desplazarnos hacia arriba y hacia abajo en el rango de frecuencias. Eso significa que el formante del canto se sitúa en el rango de máxima sensibilidad del oído y que, por tanto, su presencia hace a la voz más audible y timbrada.

Analicemos ahora la voz masculina en el registro grave. En esta parte de la tesitura, los bajos se encuentran con una doble problemática. Por un lado, la sensibilidad del oído de los oyentes dista mucho, de los umbrales auditivos de la banda de frecuencias correspondiente a la tesitura de las sopranos, según se aprecia cn la figura 3.7 dcl punto III.2. Por otro, sc rcquicrc mucha más cncrgía acústica, para que un sonido grave sea audible, que la que se requiere para oír un sonido agudo.

Figura 5.7 Espectro de la voz de un bajo cantando un Fa de 90 Hz.

Pensemos en la Teoría de la Periodicidad vista en el punto III.3.1; si, como propone esta teoría, oímos porque las ondas acústicas empujan al tímpano haciéndolo vibrar, no es lo mismo que la membrana timpánica sea sacudida 87 veces por segundo al cantar un bajo un Fa grave que las sacudidas se produzcan 698 veces por segundo, cuando una soprano canta un Fa agudo. He aquí el motivo por el que, para tener igual nivel de intensidad (dB), los sonidos graves requieren más energía acústica que los agudos.

En la figura 5.7 se muestra el espectro de la voz de un bajo cantando una nota grave. Se aprecia que la frecuencia tonal de 90 Hz no es la más intensa y, por sí misma, sería muy poco audible, pero gracias a los mecanismos psicoacústicos de la percepción del tono virtual, que se expusieron en el punto III.3.3, los parciales 5º y 6º, de 452 y 538 Hz respectivamente, así como el 10º, de 904 Hz, tienen un nivel acústico que supera en casi 20 dB a la frecuencia tonal, haciendo más audible a la voz del bajo.

En la zona intermedia de su rango, los hombres tienden a cantar con voz pesada, pudiendo cambiar al registro ligero sin demasiadas dificultades. Ahora bien, al llegar a la parte alta de la tesitura, se hace preciso cambiar al registro falsete, pasando previamente por la zona de voz mixta. Pese a que cantar en uno u otro registro es algo asequible para todas las voces, no así sucede al intentar cambiar a lo largo de un fraseo musical. Hacerlo bien requiere bastante entrenamiento.

Como contrapunto a los planteamientos teóricos que acabamos de tratar, es preciso referirse a la técnica de canto que hizo famoso al gran tenor español Alfredo

Figura 5.8 Alfredo Kraus.

Kraus. Alumno aventajado de Mercedes Llopart, creadora de un método propio de enseñanza del canto, Kraus insistía en la importancia de la vocalización y consideraba que la brillantez de la voz alcanza su máximo en la articulación del fonema /ie/, a mitad de camino entre la /i/ y la /e/. De hecho, en sus clases magistrales insistía en la importancia del *canto in maschera* en el que los pómulos juegan un importante papel, tirando hacia arriba de las comisuras de los labios, dando la impresión de sonreír. Esta es, precisamente la postura de nuestros pómulos cuando articulamos la /e/ o la /i/.

Estos planteamientos están un tanto alejados de la técnica basada en el *formante del canto*, anteriormente tratada. La técnica del *canto in maschera* se adapta mejor al canto femenino, según veremos en el próximo punto. Ahora bien, siendo un tenor lírico ligero, a Kraus le dio un resultado espléndido, por todos reconocido.

V.3.4 La técnica del canto femenino

La técnica del canto femenino es muy diferente a la del canto masculino y también más compleja. En el caso de las mujeres es preciso distinguir entre *contraltos* y *sopranos*, ya que el canto de unas y otras es diferente.

Podemos ver en la figura 5.6 que la tesitura grave de las *contraltos* se solapa con la tesitura media alta de los tenores y la tesitura alta de los barítonos y bajos. Eso significa que la técnica de canto de las contraltos[60] en el lado grave de su tesitura, ha de ser la misma que la de los hombres. Así pues, su técnica se basa en la voz de pecho con generación del formante del canto en la tesitura grave con una zona de paso en la quinta Sol$_3$/Re$_4$ y voz de cabeza en la parte más alta de la tesitura.

En el caso de las *sopranos* y *mezzosopranos* la cosa cambia. Estas voces se caracterizan por un tamaño más pequeño del tracto vocal[61], intermedio entre los niños y los hombres, de unos 16 cm de longitud. Todo ello imposibilita que puedan emitir el formante del canto pues, debido a su menor longitud, el tracto vocal femenino no llega a alcanzar la resonancia que le permita emitir el formante. Este hecho queda probado al comparar la figura 5.9 con las figuras 4.18 y 5.7 En ellas se aprecia con claridad la ausencia del formante del canto en la voz de la soprano y eso nos obliga a pensar que el timbre, la intensidad y la limpieza tonal que hacen bella a la voz, en definitiva, la técnica del canto de las mujeres, ha de ir por derroteros diferentes al caso de los hombres.

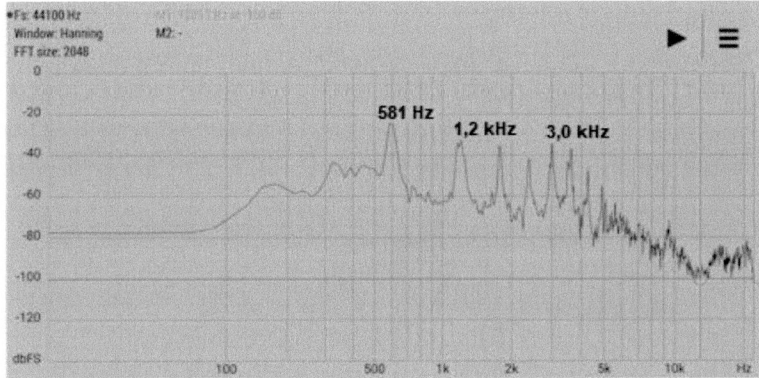

Figura 5.9 Análisis espectral de la voz de la soprano Natalia Korchagina cantando un Re de 581 Hz. Apréciese la ausencia del formante del canto, típico de la voz masculina.

Todos hemos observado que cuando una soprano canta una nota aguda, ésta baja la mandíbula al tiempo que tira hacia atrás de las comisuras de los labios, dando la impresión de que sonríe. Esto se debe a que las frecuencias de las notas agudas emitidas por una soprano están por encima de la frecuencia del primer formante de las vocales castellanas abiertas /a/, /e/ y /o/. Por ello, y para conseguir una mayor sonoridad en su canto, la soprano deberá desplazar hacia arriba la frecuencia del primer formante, de modo que coincida con la de la nota que canta,

---

[60]   Nos referimos aquí a las *contraltos* auténticas, mujeres de voz grave, capaces de cantar los tonos comprendidos en la quinta Do$_3$/Fa$_2$. Son voces escasas; la mayoría de las cantoras de esa cuerda son, más bien, *altos*.

[61]   Tienen su tesitura entre los 260 y 1000 Hz aproximadamente.

según muestra la figura 5.10. Por cuanto a las vocales castellanas concierne, los sonidos vocales emitidos por sopranos y mezzosopranos al cantar, tienden a los sonidos entre /a/ y /o/, correspondientes a una "a" oscurecida o cubierta. Ese sonido contiene un primer formante situado en torno a los 600 Hz que puede ser desplazado hacia arriba o hacia abajo sin más que modular el sonido entre los fonemas /a/ y /o/. Por otro lado, están los fonemas a medio camino entre /e/ y /i/ con un primer formante situado en torno a los 400 Hz., ambos coincidentes en mayor o menor medida con las frecuencias fundamentales de las notas habituales en sus partituras.

Ciertamente, no es fácil entonar las notas consiguiendo que, en todo momento, el primer formante del fonema coincida lo más posible con la frecuencia de la nota que se canta. Eso requiere un arduo aprendizaje basado en un hecho probado experimentalmente por la investigación lingüística, según el cual *"Existe una relación directa entre la elevación de la frecuencia del primer formante (f1) y la apertura de la cavidad oral. Cuanto más alta es la frecuencia f1, la vocal es más abierta, y a la inversa"* (revisar el punto IV.3).

Pero esto no es todo; el formante segundo (f2) para la vocal /a/ tiene un pico próximo a 1600 Hz al igual que el de la vocal /o/. Este hecho tiene también su importancia, ya que son frecuencias próximas al segundo armónico de las notas Si, Do, Re y Mi de la zona media de la tesitura de las *sopranos* (o aguda de las *altos*).

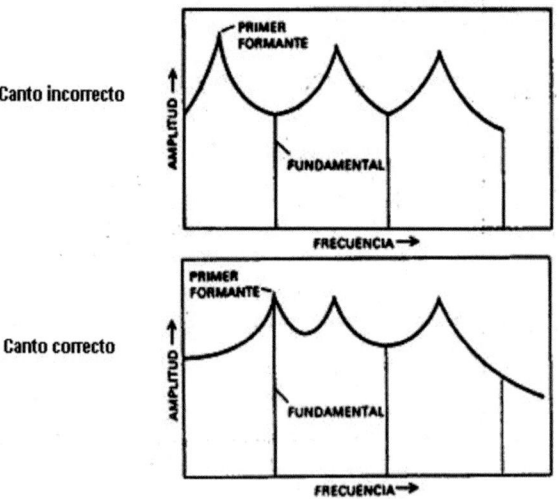

Figura 5.10 Esquema representativo de la técnica del canto femenino. La calidad e intensidad del sonido están estrechamente vinculadas al grado de conjunción entre la frecuencia fundamental de la nota cantada y el primer formante de la vocal que la acompaña.

Vimos también en el punto IV.3 que el segundo formante de las vocales puede ser desplazado avanzando o retrocediendo la lengua y también redondeando los labios. En general, el avance de la lengua ocasiona una elevación de la frecuencia del formante f2 (y viceversa) y la protrusión y redondeamiento labial ocasiona un descenso de ese formante (y viceversa).

Finalmente, hemos de considerar que los formantes terceros f3 de los cinco fonemas se sitúan en 3300 Hz, frecuencia que está próxima al cuarto armónico de las notas Do, Re, Mi y Fa de la tesitura media alta.

La coincidencia de los formantes f2 y f3 con los armónicos segundo, tercero y cuarto de las notas cantadas reforzaría su intensidad y, por tanto, aumentaría la brillantez tímbrica y la intensidad del canto.

Figura 5.11 Articulación ideal de los fonemas españoles en el canto femenino.

Además de todas estas consideraciones, cabe apuntar que el adiestramiento en el canto femenino pasa por reencontrar de nuevo la voz de la niñez, esto es, adiestrarse en el canto ligero, necesario en la octava central, para conseguir la voz mixta. Queda así la voz de pecho relegada a las notas más graves y la voz de cabeza en la parte alta de la tesitura, entre el Sol_4 y el Do_5.

La figura 5.11 expresa los fonemas que en mayor medida contribuyen a la identidad entre los formantes vocales y las notas musicales a los que acompañan. Ciertamente, es un planteamiento ideal toda vez que el libreto de la partitura tiene sus exigencias y no suele permitir una coincidencia total entre el fonema que se ha de cantar y el que más se ajusta a los requerimientos acústicos.

V.4 EL CANTO CORAL

Todo lo expuesto hasta aquí es aplicable al canto solista y pudiera pensarse que es también aplicable al canto en grupo, es decir, al canto coral. En buena medida, es así. Ciertamente, los cantores de un coro deben respirar e impostar la voz siguiendo las directrices y los fundamentos científicos expuestos en los puntos anteriores, pero hay aspectos añadidos que hemos de tratar a continuación.

El canto coral no es la mera suma de las voces de los cantores y tampoco es el simple incremento cuantitativo de sonidos sino un resultado cualitativo superior cuyas causas y efectos analizaremos a continuación.

V.4.1 Características del canto coral

Empezaremos asumiendo una realidad: Un coro constituido por voces espléndidas y con buena escuela puede ser un mal coro. Imaginemos un coro formado por los cuarenta mejores divos de la ópera en este momento ¿alguien cree que este coro sonaría mejor que *The Tallis Scolar* o *The Sixteen* o *Monteverdi Choir* ingleses o *Estudio Coral* de Buenos Aires? Ciertamente, que un coro sea algo más que una suma de cantores tiene sus consecuencias; una cosa es el cantante solista y otra bastante distinta es el cantor coral.

El coro tiene sus exigencias, y una esencial es la conciencia de coro, esto es, muy lejos de cantar en función de uno mismo, el cantor de un coro debe tener conciencia de grupo, debe asumir que su voz, por grandes que sean sus facultades vocales, está incardinada en el grupo y ha de empastar e integrarse plenamente en el sonido de la cuerda a la que pertenece. A la hora de interpretar la música, debe tener muy asumido que su garganta ha de estar en las manos del director y que ha de obedecer plenamente y sin demora alguna a sus gestos y directrices. Asumir estos requerimientos pasa por adquirir conciencia de coralista, conocer la personalidad propia del coro al que pertenece (su sonido, su color, su manera de cantar y su estilo) y amoldarse a la formación en todos y cada uno de los momentos. Todo lo dicho hasta aquí no supone en modo alguno una imagen negativa del coralista como un solista disminuido sino una visión positiva que comporta cualidades que no se dan entre los solistas.

Desde el punto de vista acústico, el canto coral no requiere una adopción exagerada de las características técnicas del canto masculino, tratado en el punto V.3.3, ni del canto femenino, tratado en el punto V.3.4. Un exceso de "brillantez" dificultaría el empaste entre las voces. Esta idea fue estudiada experimentalmente por Rossing, Sundberg y Ternström en 1986 y 1987 llegando a la conclusión de que los cantores corales profesionales tienden a acentuar las frecuencias tonales al tiempo que atenúan la emisión del formante del canto, según se expresa en la figura 5.12. Para ello, analizaron espectralmente las voces de numerosos solistas y cantores de coros profesionales al interpretar una misma frase

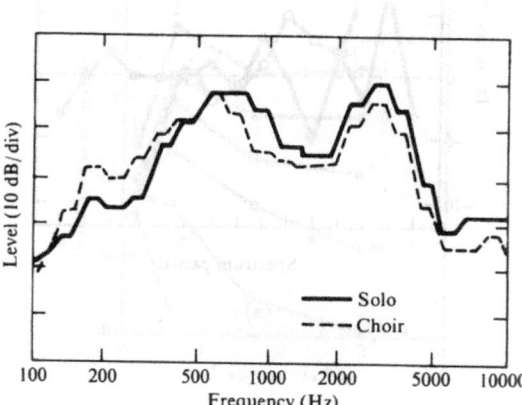

Figura 5.12 Envolventes del espectro promediado de varios solistas cantando una frase musical y de varios cantores de coro cantando esa misma frase (Tomado de Rossing et al., 1986).

musical. Pudieron comprobar que los cantores de los coros enfatizan en la emisión de las frecuencias responsables del tono, en la banda 80-540 Hz en tanto que los solistas tienden a emitir con más intensidad a frecuencias superiores, en especial las del rango 1-4 KHz en el que se sitúa el formante del canto[62].

Un año después, los mismos investigadores abordaron el mismo estudio en el canto de las solistas comparado con el canto de las coralistas profesionales. Sus resultados aparecen plasmados en la figura 5.13 en la cual se aprecia cómo las solistas tienden a emitir con más intensidad en todas las frecuencias, si bien esta diferencia se hace más notoria a partir de los 600 Hz, en la frontera entre el Re_4 y el Mi_4.

Además de observar una vez más la ausencia del formante del canto en la voz de las sopranos, puede apreciarse que el canto de las coralistas profesionales se caracteriza por una menor emisión de las frecuencias por encima de 1 KHz que hacen a la voz, si se quiere menos brillante, pero más suave y apta para el empaste del grupo.

En consonancia con lo anterior, el gran maestro de canto Carl Högset[63] recomendaba a sus alumnas de canto coral lo siguiente:

"Es importante encontrar de nuevo la voz que tenías cuando eras niña. Si has cantado mucho solamente con el registro grave de la voz, puede que tardes un poco en encontrar otra vez una voz clara y ligera.

Intenta cantar con la voz clara hasta las notas más graves posibles y sigue practicándolo. Puede ser que las notas graves no tengan mucho timbre al principio, pero lo tendrán poco a poco. Con el tiempo notarás que la voz ligera tiene más fuerza incluso en las notas graves. Practica la transición a la voz de pecho. Esta debes utilizarla en la zona muy grave, en la octava aproximadamente alrededor del Re_3. También es posible cantar con voz ligera por debajo del Do_3.

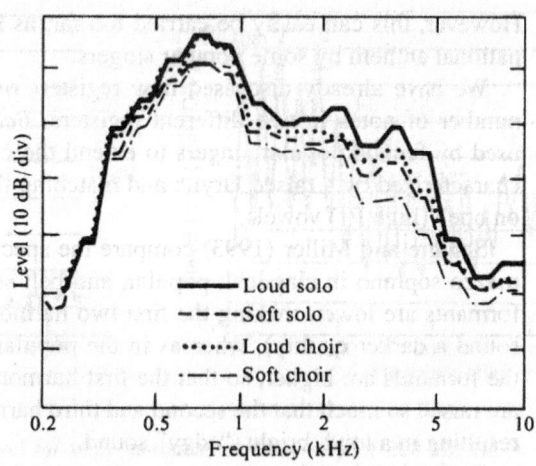

Figura 5.13 Envolventes del espectro promediado de varias sopranos solistas cantando una frase musical y varias coralistas cantando esa misma frase. (Tomado de Rossing et al., 1987).

[62]   ROSSING, T.D., SUNDBERG, D. AND TERNSTRÖM, S. (1986) "Acoustic Comparation of Voice Use in Solo and Choir Singing" *J. Acoust. Soc. Am.*, 79: 1975.
[63]   Carl Högset (1941-2021) fue un musicólogo noruego especializado en el canto coral. Sus enseñanzas han trascendido fronteras y épocas, siendo hoy un referente en la técnica vocal del canto en coro.

Practica la transición a la voz de pecho de maneras distintas, pero nunca cantando demasiado fuerte. Con el tiempo notarás que la voz ligera suena algo más pesada en la octava hacia el Sib₃ y que está más cómoda produciendo un sonido algo más ligero en las notas por encima del Do₄.

La parte más aguda, correspondiente a la voz de cabeza, puede entrenarse hacia notas aún más agudas y puede que encuentres allí un nuevo registro: la voz aflautada. Si tienes aptitud y practicas mucho, puedes conseguir abrir incluso esos tonos aflautados para que al final suenen tan claros como los tonos principales."

A su vez, Högset indicaba a los cantores que utilizaran la voz de pecho con mesura, evitando cantar notas de la parte alta de la tesitura con este registro. Proponía a modo de entrenamiento el canto de escalas descendentes en las que se practicara la transición desde la voz de falsete a la voz de pecho con objeto de trabajar la voz mixta, que en los hombres es más difícil de encontrar. La meta, decía, es que el registro pase de una voz a otra sin que se note, que la voz esté equilibrada en toda la tesitura.

V.4.2 La afinación

Muchos son los aspectos que determinan la calidad de un coro: Repertorio, imagen, ritmo, coloratura... pero si de entre todos ellos hubiera que destacar uno, ese aspecto sería la afinación. De la pureza con que las cuerdas de un coro emitan las notas depende, en grandísima medida, la calidad de su sonido. Es precisamente por este motivo, que la afinación sea el gran caballo de batalla de los directores de coros. El perfecto ajuste de la altura de todas las notas de una interpretación coral es un objetivo tan deseable como problemática es su consecución. En todos los instrumentos de entonación indefinida, como son los instrumentos de las familias del violín, de la trompeta y, por supuesto, la voz, se requiere un *oído musical* exquisito para entonar correctamente la sucesión de notas que componen la melodía, y ello pasa por poseer un oído musicalmente educado que permita discernir los intervalos musicales y tenerlos muy interiorizados en la memoria.

Los instrumentistas de cuerda son capaces de reproducir fielmente los intervalos musicales, ello es posible gracias a la memorización (tras innumerables horas de digitación) de los puntos del diapasón en los que han de colocar los dedos, pero no así sucede con los cantantes. Estos, tan solo pueden recurrir a la memorización, siempre subjetiva, de las sensaciones propias de la emisión de cada una de las notas de su tesitura y, sobre todo, de su oído musical.

Por oído musical se entiende la memorización de las relaciones de frecuencias de las dos notas que componen un intervalo consonante: 2/1 para la octava, 3/2 para la quinta, 4/3 para la cuarta, 5/4 para la tercera mayor y 6/5 para la tercera menor (revisar el punto II.1). Así, para solfear la melodía escrita en una partitura, el cantante parte de la nota inicial[64]y a lo largo de la interpretación, el cantor va entonando cada nota a partir de la precedente.

Vimos en el punto III.3 que el cerebro percibe el tono mediante la conjunción de dos mecanismos. Por un lado "cuenta" el número de sacudidas del tímpano por unidad de tiempo (a esta explicación se la denomina Teoría de la Periodicidad) y por otro identifica el punto de máxima excitación de la membrana basilar (esta explicación se conoce como Teoría de la Localización). Estas operaciones de reconocimiento del tono se realizan con pasmosa rapidez y eficiencia.

En el caso de los tonos complejos, formados por una frecuencia fundamental o tonal y sus múltiplos o armónicos, resulta más convincente la Teoría de la Localización. Ahora bien, hemos de asumir que no todos los individuos tienen la misma habilidad cerebral para determinar el tono y, por tanto, de memorizar y reproducir con la voz los intervalos musicales correctos.

Pensemos que para entonar un intervalo con corrección hemos de cantar la nota de partida y a continuación la nota siguiente, hemos de oír ambas e identificar sus tonos y ajustar rápidamente el tono de la segunda para que la relación de frecuencias sea la correcta. Desgranado así el proceso cerebral de la entonación de un intervalo, se nos antoja sumamente complicado, casi milagroso, que seamos capaces de solfear una partitura afinando todas y cada una de sus notas, incluso en pasajes rápidos.

Pese a que esta habilidad es común a la inmensa mayoría de los humanos, en el canto existe una un conjunto de circunstancias determinantes de la afinación.

En un lugar muy destacado hemos de citar el oído musical. Para cantar bien no basta con "tener oído", hay que tener el oído adiestrado en la percepción de los tonos y ser capaz de apreciar las pequeñas desviaciones respecto de los tonos correctos que ocasionan la desafinación progresiva a lo largo de una interpretación. Es muy frecuente en el canto *a capella* el ir "calando"[65] para terminar la partitura un semitono o un tono por debajo del correcto.

En segundo lugar, hemos de considerar el "efecto cansancio". Cantar es esforzado, no solo porque la presión del aire al cantar llega a triplicar la habitual en el acto de hablar sino también porque la impostación de la voz supone un esfuerzo de los músculos que intervienen en la fonación, muy superior al propio del habla, especialmente en la tesitura aguda. He aquí la razón por la que el "calado" de un coro suele estar ocasionado por la cuerda de sopranos (aunque no siempre) ya que su tesitura aguda es esforzada, con el agravante de que ellas suelen cantar la melodía. Si ellas se bajan de tono, las restantes voces no tienen otro remedio que "afinar" con ellas y el resultado es que todo el coro se baja de tono.

---

[64]   Este es el motivo por el que en el canto *a capella* es imprescindible suministrar a los cantores la nota de partida.

[65]   Término de la jerga del canto coral para referirse a la desafinación progresiva a la baja.

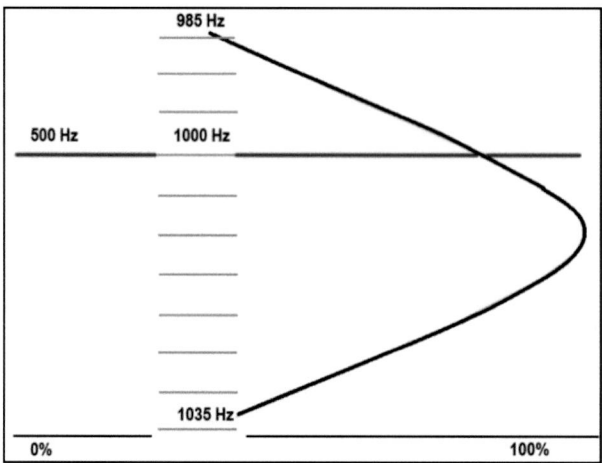

Figura 5.14 Diagrama resumen del estudio estadístico sobre la percepción, por músicos profesionales, del intervalo de octava.
Sundberg, J. and Lindquist, J. (1973) "Musical Octaves and Pitch". *J. Accoust. Soc. Am.*, 54, 922-929.

Todo lo que antecede explica que las desafinaciones en el canto sean siempre a la baja, es decir, con bajada de la tonalidad, siendo extremadamente raro la desafinación al alza. Quizá porque esto es lo habitual, sea esta la razón por la que los oídos no educados asumen la desafinación a la baja como algo natural. Muy al contrario, los oídos educados aborrecen este tipo de desafinación hasta el punto de que, en general, prefieren los intervalos ligeramente desafinados al alza que los intervalos justos.

En 1973, Sundberg y Lindquist realizaron un estudio en el que intervino una amplia muestra de músicos profesionales a los que se les presentaba un sonido puro de 500 Hz que alternaba con sonidos cuya frecuencia se incrementaba en 5 Hz empezando en 985 Hz y terminando en 1035 Hz. La secuencia era:

(500-985), (500-990), (500-995), ... (500-1030), (500-1035).

Los encuestados tenían que manifestar en qué paso del experimento percibían la octava justa. Sorprendentemente, una mayoría se decantó por la pareja (500-1010) Hz como la octava perfecta.

Este resultado experimental es extrapolable al resto de los intervalos, lo que nos lleva a la conclusión de que los oídos educados prefieren los intervalos ligeramente ampliados a los justos.

En base a lo anteriormente expuesto, se comprende la gravedad de las desafinaciones a la baja, un defecto tan asumido e ignorado por los oídos profanos como sufrido y repudiado por los oídos educados.

Como remedio al peligro de la bajada de tono, a juicio del autor, se ha de proponer a los coralistas que canten intentando desafinar al alza. Dado que este tipo de desviaciones es altamente inusual, los cantores no conseguirán su empeño. Lo que conseguirán es mantenerse en la tonalidad correcta.

V.4.3 El empaste de las voces

El buen sonido de una formación coral pasa por el "empaste" de todas sus voces. Este término se refiere a la homogeneidad de los timbres y el equilibrio de intensidades. Por regla general, las voces sobreabundadas en altas frecuencias son más difíciles de empastar, son voces estridentes que con facilidad destacan o se diferencian del resto, perdiéndose así la homogeneidad del sonido. En general, las directrices expuestas en el punto V.4.1 son una buena referencia para los coralistas a la hora de emitir sus voces en el grupo con un máximo empaste.

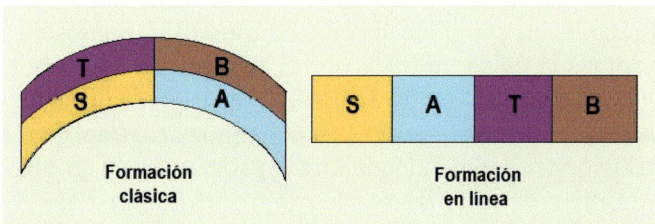

Figura 5.15 Disposiciones de los cantores, que mejor favorecen el sonido y la interpretación.

Al propio tiempo, para lograr un sonido de grupo que sea bueno, los cantores de una misma cuerda deben estar agrupados; no importa que la formación del coro sea la tradicional -voces femeninas delante y las masculinas detrás- o en línea, disponiendo las cuerdas de izquierda a derecha (figura 5.15). Lo importante es que los cantores de una misma cuerda estén agrupados para facilitar su empaste. Los motivos científicos de esta preferencia fueron expuestos en el punto III.3.7. Vimos allí que las investigaciones realizadas por Deutch en 1995 revelaban que nuestro cerebro tiende a agrupar todos aquellos sonidos que, procediendo de un mismo lugar, tengan igual tono y parecido timbre, sumando sus intensidades. He aquí el motivo por el que los instrumentos de la orquesta se disponen agrupados por familias y tenemos también la razón por la que, para lograr un buen sonido, los cantores de un coro deben agruparse por cuerdas.

Por otro lado, debemos recordar los mecanismos cerebrales de localización acústica que fueron tratados en el punto III.3.4. La formación coral tradicional o en línea (e igualmente la formación de la orquesta) favorecen la localización acústica de las distintas cuerdas de cantores. El resultado es que los espectadores perciben el sonido del coro con relieve, ya que ellos pueden localizar acústicamente las distintas voces, lo cual obra en favor de la interpretación[66].

Algunos directores gustan de mezclar a los cantores; esta práctica puede ser buena en los ensayos, para acostumbrar a los cantores a ser autónomos y no "apoyarse" en sus compañeros de cuerda. Incluso es agradable para los coralistas al poder escuchar mucho mejor las voces de las restantes cuerdas. Ahora bien, la cosa no debe pasar de ahí. La formación "mezcla total" es nefasta desde el punto de vista acústico e interpretativo ya que el director no puede dirigir sus gestos específicamente a un grupo de voces y, por otro lado, se pierden los efectos de agrupación acústica tratados en el punto III.3.7 que tanto benefician al sonido del grupo.

V.5 CONCLUSIONES

Como muchas otras funciones realizadas por nuestro cuerpo, la fonación comporta la puesta en juego de un complejo sistema de músculos, huesos y cartílagos cuya actividad sincronizada es coordinada por el cerebro de forma automática. Esto significa que, ya sea al hablar o al cantar, la intervención de la voluntad es mínima. A lo más, lo único que podemos hacer es escuchar nuestra propia voz para discernir si el resultado de nuestra actividad fonadora es satisfactorio o no. Si lo es, repetimos la actividad el número de veces necesario como para automatizar el acto y si no lo es, realizamos cambios deliberados en nuestra manera de actuar y volvemos a escucharnos en un nuevo intento. Es así como aprendemos a emitir nuestra voz en las mejores condiciones, a hablar un idioma y, por supuesto, a cantar.

Pudiera pensarse que la voz hablada y la cantada por una misma persona no difieren apenas, pero realmente no es así. La voz hablada apenas tiene tonalidad y su "plato fuerte" radica en la presencia de ciertas agrupaciones de frecuencias que determinan los distintos formantes del habla y diferentes articulaciones del paso del aire que determinan las consonantes. A su vez, el canto participa de los elementos del habla y además contiene otros dos elementos característicos: las frecuencias responsables de la tonalidad y una agrupación de frecuencias centradas en la banda 2-3,5 kHz conocida como "formante del canto" en las voces de los hombres y mujeres de voz grave.

Para lograr que el sonido cantado sea de la mejor calidad, se requiere una impostación de la voz muy diferente a la del habla que, según Sundberg (1974), requiere un descenso de la laringe combinado con una protrusión de los labios y una retracción de la lengua hacia atrás. Gracias a ello se consigue que el conducto vocal resuene a las frecuencias próximas a 500, 1500 y 2500 Hz y, según casos, en la banda del formante del canto. Por otro lado, el aumento de la cavidad bucal en su

---

[66]   Si escuchamos una grabación estéreo en un reproductor y pulsamos la tecla "mono" se funden los dos canales y el resultado no nos gusta por la pérdida de relieve acústico.

parte anterior actúa como un filtro pasa-bajos que mejora el timbre de la voz al atenuar el exceso de altas frecuencias que hacen a la voz estridente.

El canto supone un esfuerzo superior al requerido para hablar. Según demostraron experimentalmente Rossing, Moore y Wheeler en 2002, la presión del aire en el canto puede superar el triple de la necesaria para hablar normalmente. Esta es la razón de la importancia que tiene una respiración correcta en al acto de cantar.

Hombres y mujeres tienen dos registros de voz diferenciados: la voz de pecho (o llena) y la voz de falsete (o de cabeza). En el primer caso, las cuerdas vocales están tensadas y juntas. El aire precisa tener bastante presión para salir entre las cuerdas, separándolas. Tras el pulso de aire, las cuerdas vuelven a juntarse, a causa de su elasticidad, interrumpiendo el paso del aire, para volver luego a iniciar el ciclo. Los pulsos de aire se suceden con una frecuencia que es tanto más elevada cuanto más tensadas estén las cuerdas.

Al cantar con el registro de falsete, las cuerdas están más destensadas y separadas. Al cantar de esta manera, el consumo de aire es mayor y la voz es más ligera. Además, la voz de cabeza es más propia de la laringe masculina que de la femenina. De hecho, los antiguos *castrati* del período barroco son sustituidos hoy por contratenores, muchos de ellos barítonos entrenados en el canto de falsete.

Según Högset (1998), el canto debe participar de los dos registros, recomienda que en la tesitura aguda se emplee la voz de falsete lo cual exige que, a lo largo de la interpretación, el cantante sepa pasar del registro de pecho al de cabeza de manera progresiva, poniendo en juego una voz de transición que él llama "voz mixta". La zona de paso entre los dos registros es más extensa en las mujeres que en los hombres, una octava para ellas y tan solo una quinta para ellos.

Precisamente por causa del dimorfismo sexual propio de nuestra espacie, que tanto determina a la voz, la técnica del canto masculino se diferencia notablemente de la del canto femenino.

En el caso de los hombres, la técnica se basa en una impostación de la voz que favorezca la aparición del deseado formante del canto y un refuerzo por resonancia de los parciales tercero, cuarto, quinto... de la frecuencia fundamental. Ello es debido a que las frecuencias tonales por debajo de los 400 Hz no pueden ser amplificadas por resonancia ya que el tracto vocal alcanza como máximo los 19 cm, longitud manifiestamente insuficiente. De esta manera se consigue que los mecanismos cerebrales de la percepción del *tono virtual* creen en los oyentes la sensación de amplificación de una frecuencia fundamental que, realmente, no ha sido amplificada.

El caso de las mujeres es muy distinto. Para lograr el refuerzo acústico de las notas, deben desplazar los formantes de los fonemas cantados hasta hacerlos coincidir con la frecuencia de la nota que en ese momento cantan. El proceso es complejo y requiere un arduo entrenamiento basado en le omisión de fonemas en torno a la /a/, la /e) y la /o/ castellanas. Esta técnica es particularmente necesaria en el registro agudo de las sopranos y no tanto en las contraltos, las cuales, en su registro grave, han de ejercitar una técnica similar a la de los hombres.

Al canto coral le es aplicable la totalidad de los planteamientos hechos en este capítulo, ahora bien, el canto coral tiene ciertos matices de distinción respecto del canto "solista". El principal de ellos es que se pone menos énfasis en la brillantez del sonido para conseguir así un mejor empaste de las voces. Ciertamente, las voces sobreabundadas en frecuencias entre 2 y 5 kHz son brillantes y muy aptas para el canto en solitario, pero son difíciles de empastar en un grupo y destacan afectando negativamente al sonido de la cuerda de voces.

Por otro lado, está el problema de la afinación. Con frecuencia, los coros de aficionados tienden a bajarse de tonalidad debido al esfuerzo que supone cantar, especialmente en la tesitura aguda. Por este motivo, la bajada de tono corre de cuenta de las sopranos (aunque no siempre); el resto de las voces tiene dos opciones: mantener la tonalidad disonando o afinar con las sopranos. Por regla general, las cosas van por el segundo camino y el coro entero se baja de tonalidad.

Mantener la tonalidad pasa por que los componentes del coro acrediten un oído musical educado, esto es, que tengan asumidos y memorizados los intervalos consonantes. Debido al efecto del cansancio, las desafinaciones son siempre a la baja y, puesto que esta es la norma general, los cantores con deficiente (y no educado) oído musical tienen asumido este pernicioso efecto, aceptando con normalidad las desafinaciones a la baja como lo más natural del mundo. Como contrapunto, los oídos musicales educados perciben esas desafinaciones con efectos demoledores en su apreciación. Sundberg y Lindquist demostraron en 1973 que los oídos educados gustan más de los intervalos consonantes ligeramente ampliados que los justos. Este hecho hace particularmente grave la desafinación a la baja, ya que es un defecto no percibido por los oídos no educados y al propio tiempo insufrible para los oídos educados.

Finalmente, los mecanismos cerebrales de localización acústica, particularmente los efectos de reunión y de precedencia tratados en los puntos III.3.5 y III.3.6 justifican las formas habituales de disponer las voces de un coro. Como norma general, los cantores de una misma cuerda deben estar juntos, ya que así se asegura que los cantores afinen las mismas notas dando un sonido de grupo limpio y afinado. Un segundo beneficio de este tipo de formación es que los espectadores reconocen el sonido de la cuerda como procedente de un mismo punto, gracias a los mecanismos de localización acústica vistos en el punto III.3.4, lo cual mejora su intensidad.

Otro aspecto a tener en cuenta en el canto coral es la forma en que nuestro cerebro interpreta las sensaciones musicales. Vimos en el punto III.3.7 que nuestro cerebro tiende a agrupar las sensaciones de sonidos simultáneos que, teniendo igual tono, proceden de un mismo lugar y tienen timbres similares. Y, precisamente, esto es lo que sucede con el sonido de las voces de los cantores de una misma cuerda cuando cantan agrupados, y por igual motivo, los instrumentos de la orquesta pertenecientes a una misma familia, se emplazan agrupados.

Hemos de insistir en que, pese a ser la voz el más primitivo de los instrumentos musicales, es con gran diferencia el más complicado de todos, estructural y funcionalmente. Todos asumimos que el cuerpo humano es incomparablemente más complejo y perfecto que el más moderno androide, que la glotis humana está a años luz de la boquilla de cualquier instrumento de viento, que el tracto bucofaríngeo es mucho más sofisticado que el tubo resonante de un clarinete y que el espectro acústico de cualquier instrumento de una orquesta se halla muy lejos del correspondiente a la voz del solista al que acompaña.

Ciertamente, la emisión del sonido de la voz se rige por los mismos principios físicos que explican el funcionamiento de los demás instrumentos musicales, ahora bien, en su caso son decenas de pequeños efectos, cada uno regido por una ley física, los que concurren en el proceso de la emisión acústica en tanto que, en los restantes instrumentos, el sonido está determinado por uno o dos efectos preponderantes sobre el resto. Esta es la razón por la que la acústica de los instrumentos puede ser modelizada y comprendida, cosa que no sucede con la acústica del canto. Añádase a todo ello que, si los instrumentos musicales se limitan a emitir sonidos formados por la frecuencia tonal a la que acompañan frecuencias superiores más o menos múltiplos de esa frecuencia, en el caso de la voz humana la cosa es mucho más complicada ya que ahora el número de parciales superiores es bastante más elevado y, además, sobre esos parciales se superponen los formantes del habla y del canto.

Es habitual que los estudiantes de los conservatorios aprendan cómo es y cómo funciona el instrumento de su elección al tiempo que se adiestran en su ejecución. Muy al contrario, los estudiantes de canto, tras una somera descripción del órgano fonador, pasan directamente a adiestrarse en el uso de su voz bajo un esquema educativo fijo que consiste básicamente en asumir como propias las sensaciones del maestro y a lo largo de un iterativo proceso "ensayo-error" que dura muchos años, alcanzan su formación como cantantes.

Poseer una buena voz es un precioso don recibido gratuitamente en la cuna que es preciso cuidar y desarrollar a lo largo de la vida. En este libro se ha intentado hacer una exposición razonada, rigurosa y asequible de los mecanismos de la emisión del canto y de su percepción por los oyentes. El objetivo perseguido es favorecer que el aprendizaje del canto pueda hacerse desde la comprensión del instrumento más expresivo y bello de cuantos disponemos, nuestra propia voz.

BIBLIOGRAFÍA

Békésy, G. (1960) *Experiments in Hearing.* Mc Graw Hill. New York.

Benade, A. (1990) *Fundamentals of Musical Acoustics.* Chap. 19: "The Voice as a Musical Instrument". Second revised edition. Dover.

Blauert, J. (1997) *Spatial Hearing: The Psychophysics of Human Sound Localization.* MIT Press. Cambridge.

Bunch, M. (1997) *Dynamics of the singing voice.* Springer. Viena.

Capponi, A. (2004) *La evaluación en el Canto: categorías de estimación y habilidades de ejecución vocal.* Univ. Nac. dc La Plata, Bucnos Aircs.

Crocker, M.J., (1998) *Handbook of Acoustics.* J. Whiley and Sons. Eds., New York.

Diego, A. y Merino, M. (1988) *Fundamentos físicos de la Música.* Univ. Valladolid. Serv. Pub.

Everest, F.A. (2001) *Master Handbook of Acoustics.* Mc Graw Hill Eds. New York.

Herrera, E. () *Teoría Musical y Armonía Moderna.* Bosch, A. Eds.

Lindblom, B., Sundberg, J. (2007) "The human voice in speech and singing". Cap. 16 en Rossing, Thomas D. (editor) *Springer handbook of acoustics.* Springer Eds. New York.

Merino, M. (2006) *Las Vibraciones de la Música.* Ed. Club Universitario. Granada.

Merino, M., Verde, E. y Muñoz, L. (2012) *Acústica Musical: Una aproximación didáctica.* Univ. Valladolid, Serv. Pub.

Moore, B.C.J. (2004) *An Introduction to the Psychology of Hearing.* Elsevier Eds. London.

Pierce, J.R. (1983) *The Science of Musical Sound.* Freeman and Company, Eds. New York.

Roe, P. F. (1970) *Choral Music Education.* Prentice Hall.

Roederer, J.G. (1995) *The Physics and Psychophysics of Music.* Spirnger Verlag Eds. New York.

Rossing, T.D. (ed.) *Handbook of Acoustics.* Springer Eds. New York.

Rossing, T.D., Moore, R. and Wheeler, P. (1990) *The Science of Sound.* Addison-Wesley Publ. New York.

Schönberg, A. (1974) *Tratado de Armonía.* Ramón Barce (Trad.). Real Musical. Madrid

Sundberg, J. (1987) *The science of the singing voice.* Northern Illinois University. Illinois.

Tobias, J.V. (Ed.), (1970) *Foundations of Modern Auditory Theory.* Academic Press. New York.